[英] 卡佳坦·波斯基特 原著 [英] 菲利浦·瑞弗 绘 韩庆九 译

北京出版集团
北京少年儿童出版社

著作权合同登记号
图字:01-2009-4296

图书在版编目(CIP)数据

寻找你的幸运星：概率的秘密 /（英）波斯基特（Poskitt，K.）原著；（英）瑞弗（Reeve，P.）绘；韩庆九译 . —2 版 . —北京：北京少年儿童出版社，2010. 1（2024.10 重印）
（可怕的科学 · 经典数学系列）
ISBN 978-7-5301-2335-5

Ⅰ. ①寻… Ⅱ. ①波… ②瑞… ③韩… Ⅲ. ①概率—少年读物 Ⅳ. ①0211-49

中国版本图书馆 CIP 数据核字(2009)第 181241 号

可怕的科学 · 经典数学系列
寻找你的幸运星——概率的秘密
XUNZHAO NI DE XINGYUNXING——GAILÜ DE MIMI
[英] 卡佳坦 · 波斯基特 原著
[英] 菲利浦 · 瑞弗 绘
韩庆九 译
*
北 京 出 版 集 团
北 京 少 年 儿 童 出 版 社 出版
（北京北三环中路6号）
邮政编码:100120
网 址：www . bph . com . cn
北京少年儿童出版社发行
新 华 书 店 经 销
河北宝昌佳彩印刷有限公司印刷
*
787 毫米×1092 毫米 16 开本 10. 75 印张 55 千字
2010 年 1 月第 2 版 2024 年10月第 71 次印刷
ISBN 978-7-5301-2335-5/N · 124
定价：25. 00 元
如有印装质量问题，由本社负责调换
质量监督电话：010-58572171

目录

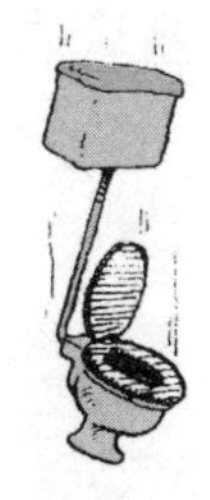

被遗忘的沙漠里的一天

秃鹫在山洞的入口上方盘旋，洞外阳光耀眼，两支野蛮人的军队正静静地擦拭着他们的剑斧。其实他们并不知道，有时候，当一个野蛮人并不如想象的那么好玩。

很多情况下，一个野蛮部落的人会因为一个无所谓的原因得罪另一个野蛮部落的人，然后双方便因此激战上几个小时，最后再举行一场盛大的宴会来庆祝胜利。下面的这两支军队都还记得那次让双方筋疲力尽的打斗，仅仅因为凶神军队的高高飞认为恶煞军队的满满星故意把垃圾箱扔到了他家的行车道上。

遗憾的是，等到最后开宴会的时候，再也没有谁能真正和他们俩一起享用了。需要提醒你一句，激战之后，即使那些野蛮人没有了身子，他们的头还是被放在了桌子上的大银盘里，以示自己参战的荣誉。

但是这次争论可不同，斧头帮的俄甘姆和恐怖帮的格里赛尔达正在数作为战利品的头皮，他们二人都决定再多要一张头皮，就是对方头顶上的那一张。

“轻而易举！”

为了对方头顶上的那张头皮，两支军队已经演习了很多天，一个个凶神恶煞，喊杀声震天。但是，最后当他们准备开战的时候，俄甘姆却将格里赛尔达拉到一边：

“我们只是打一架，没必要这么正式吧！”他说。

格里赛尔达说：“我同意，可是我们怎么能决定谁拿走谁的头皮呢？”

“你跟我来！”俄甘姆一边说，一边朝山洞走去。

山洞里面有一个戴着大帽子的小个子。

俄甘姆介绍道：“这是泰格，数学魔术师，他会扔一种有6个面的石头。”

格里赛尔达盯着小个子手里的石头，很吃惊：“你是说让我们俩扔这个小石头？我们谁也不可能就用这个把对方杀死！”

小个子说："不管怎么说，已经有许多人就是因为它而死的！相信我，这个小东西里所包含的能量和神奇远远超过你们曾经扔过的最大的石头！"

"这是块能量石！"格里赛尔达大叫一声，本能地向后跳去。

"不，这可不是能量石。"泰格说道。他在手里摆弄着石头，将6个面和上面的点转给他们看，"这是骰子！"

"死？（die——"骰子"的英文表述，在英文中还有死的意思）"格里赛尔达炫耀地晃晃手里的三叉战斧，"如果有谁会死在这里的话，一定不是我！"

"不是这样的，这个石头叫作骰子。"泰格解释道，"多个叫做dice，而一个叫做die，骰子。"

格里赛尔达迟疑了一下，拿起骰子，扔到地上。

"啊！"泰格笑着说，"朝上的面上是1点，问题可以解决了！"

"怎么解决？"格里赛尔达问。

泰格解释道："你必须再掷一次骰子，希望1点还是朝上。如果是这样，你就可以要俄甘姆的头皮。"

"如果不是，我就拿你的头皮！"俄甘姆在一旁说道。

"但是，这个东西有6个面，其中只有1个面的上面是1点！"格里赛尔达说。

泰格告诉她："你可以有3次机会。但是如果你3次都失败了，你的头皮就是俄甘姆的了！"

格里赛尔达仔细地想了很长时间，同时用手抚摩着自己刚刚洗过的、光亮洁净的头发。丢掉了这些头发当然很难堪，但是如果在自己的壁炉前挂上俄甘姆那两米多长、犹如绳子似的马尾辫，那感觉肯定不错。

格里赛尔达准备掷骰子了，泰格退了出去。几分钟之后，洞里传出一声恐怖的惨叫。头顶上，盘旋的秃鹫开始流口水。

一个野蛮人问道：“发生了什么事？”

“有人刚刚被撕掉了头皮！”另一个回答。

他们问泰格：“你知道是谁吗？”

泰格咧嘴笑道：“我不敢肯定。不过我有个好主意，谁愿意赌一下？”

“在这儿下注！”

你怎么想

格里赛尔达显然认为掷骰子的办法很合理，真的是这样吗？如果这个方法不公平，格里赛尔达和俄甘姆谁赢的可能性更大呢？要想找到答案只有一个办法……

准备好了！“经典数学”的爱好者们，请再次系好安全带，我们即将驶入另一块数学丛林。一定要注意，这回我们要进行的可是一次开启你智力极限的旅行！在发现谁最有可能被割掉头皮的同时，我们还会研究纸牌、蛇、生日、硬币、外国人、鸽子、骗术和裤子等等。我们会造出一些巨大的数字，让计算机都手忙脚乱。你准备好了吗？接下来，就让我们一起去探索这个充满邪恶和欺骗性的世界——数学里最具杀伤力的部分（当然了，可能是……）。

在我们进入奇妙的可能性世界之前

我们需要先学习一些关于可能性的特殊用语（作为初学者，我们暂且把它叫做“机会”比较好，“可能性”这个词实在有点儿拗口）。

此外，我们还需要学习一个简单却非常重要的算术方法。在本章的结尾，你将经历你从来没有遇到过的奇怪的事。

主要的词是可能，可能

我们的第一项工作，是要弄清楚我们到底在说些什么。生活中的每一天都会发生很多的事，我们可以用很多种方式来描述同一件事情或同一个意思。比方说，下面所有的问题说的就是同一个意思：

- 庞戈·麦克威菲出现的可能性有多大？
- 庞戈·麦克威菲出现的机会有多大？
- 庞戈·麦克威菲是不是可能出现？
- 庞戈·麦克威菲出现有多少机会？
- 庞戈·麦克威菲出现的前景如何？
- 庞戈·麦克威菲出现的概率有多大？

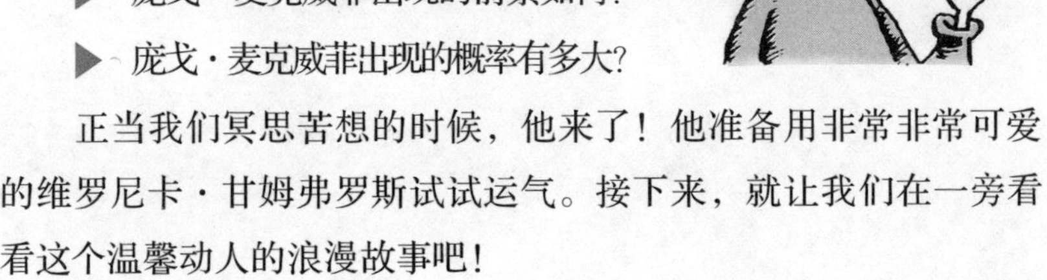

正当我们冥思苦想的时候，他来了！他准备用非常非常可爱的维罗尼卡·甘姆弗罗斯试试运气。接下来，就让我们在一旁看看这个温馨动人的浪漫故事吧！

当庞戈思考这个非分建议的后果的时候，让我们借这个机会练习一下自己的语言技巧吧！

虽然庞戈的朋友们说的话各不相同，但是他们的意思是一样的。

想一想，维罗尼卡一直以来是如何保护她圣女一般的名声的，他们知道庞戈的冒失行为只有一个可能的结果。让我们接着看下去。

我们再来看看庞戈的铁杆朋友们是怎么看的：

让我们看看维罗尼卡的反应：

到目前为止，我们已经知道了如何说一件事情一定会发生，或者肯定不会发生。忽然，庞戈从他的上衣口袋里摸出了一个还没有打开的生日卡片和一些皱巴巴的香味纸。

对于这个问题，谁都肯定不了。他们认为信封里面不一定会有什么钱，但是有趣的事儿正是从这里开始的。

当“可能性”这个词出现的时候，我们其实是在讨论关于机会的问题。在目前这个情况下，虽然希望渺茫，但是谁知道有没有可能呢？

在这里，我们听到了一些用来形容在劣势中取胜的表达方式，换句话说，就是尽管好结果的机会不大，但是它毕竟还是出现了。庞戈立即用这笔钱做了次聪明的投资。

真是激动人心！庞戈新发现的财富能够使他在维罗尼卡心里占有一个位置吗？没有人能够猜得到。那个说机会各占一半的家伙的意思是，这就像扔硬币，正面和反面的机会差不多。但是，今天庞戈的运气非常不错，命运帮了他一把！

情况看上去很好。确实如此。维罗尼卡上出租车了，但是……

在这本书里，我们还会陆续遇到一些类似的表达方式，并且要学习如何用它们来描述可能性的准确水平。现在，让我们出发吧，就从最简单的机会开始。

各占一半的机会

在两种情况下选择其一，掷硬币是最快，也是最有效的方法。它可以影响到某些大事件的结果，特别是在体育运动中。

想想看，运动员们为了成为橄榄球、冰球和马拉松的明星，都经过了许多年的艰苦训练。但在比赛的哨声响起之前，他们的命运却由掷硬币来决定。

即使是世界上最优秀的运动员，每当这个时候也要乖乖地待在旁边看着，等待小小的硬币来决定谁在哪一个半场进行比赛、谁先开球，以及在漫长的42千米的路程中先迈哪条腿。

使用硬币的原因，是这个方法既简单又公平。它只有两个可能的结果——正面和反面，当然简单了。

更重要的是，它不在乎哪一边着地，也没有什么记性，所以很公平。

真的很有趣！不是吗？过一会儿我们会看到，为什么许多人认为硬币是有记忆的，但还是让我们先来看看掷硬币会发生什么。

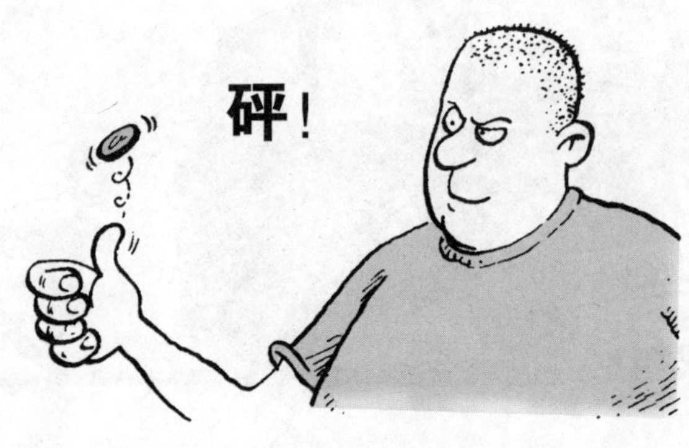

让我们摆脱地球引力，把硬币放在空中。（在“经典数学”里面，我们可以为所欲为，美妙吧？）在让硬币落下来之前，我们要想想结果会怎么样，换句话说，是正面呢，还是反面？

下面是我们的第一道数学题。当我们想表达事情发生的机会时，可以把它写成下面这个分数：

$$\text{机会}=\frac{\text{有效结果的数量}}{\text{可能结果的数量}}$$

掷一枚硬币的时候，我们有两种可能的结果：正面和反面。我们要正面，也就是说我们只有一个有效结果，所以正面的机会是$\frac{1}{2}$。这个分数说明，就算你掷了很多次，结果是正面的机会也就是一半。

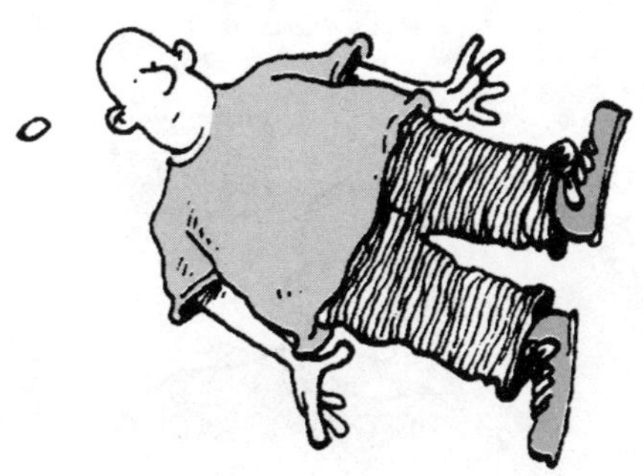

好了，我们让地球引力恢复作用，看看硬币落下来是不是正面。

为什么不可能呢？反面是掷硬币的另一种结果，机会也是$\frac{1}{2}$。每一次硬币落下来，正面和反面朝上的机会是相等的，这再正常不过了，我们也不能期待更多的什么。有的时候你能赢，有的时候你会输，就是这个样子，你是无法改变的。

如果硬币落下来，不是正面就是反面，你能赢吗？

如果是这样，你会看到：

$$\text{机会}=\frac{2\text{个有效结果}}{2\text{个可能结果}}=\frac{2}{2}=1$$

或者，我们可以说，正面的机会是$\frac{1}{2}$，反面的机会也是$\frac{1}{2}$。你只可能有一个结果，而不可能同时有两个结果。聪明的说法是，这两个结果彼此是相互排斥的。

我们可以把两个相互排斥的结果加起来，在这种情况下，我们得到$\frac{1}{2}+\frac{1}{2}=1$。

当然他会赢的。硬币落在地上，不是正面，就是反面，这毫无疑问是绝对会发生的事。

最重要的是，它的机会是1，让我们用下面的几页内容来讲这件事。

1是必然发生的

在机会里面出现这么一个重要的数字，你肯定会喜欢它。我们已经看到了，让我们再来检验一下：

所有不同结果的机会相加起来一定是1。

我们掷硬币的时候，只可能有两个结果，它们的机会分别是$\frac{1}{2}$，将它们加起来，你会得到$\frac{1}{2}+\frac{1}{2}=1$。

分数运算的小技巧

▶ 如果分数的分母是相同的，相加的时候，只需要将分子加在一起，这样的话就得到$\frac{1}{2}+\frac{1}{2}=\frac{1+1}{2}=\frac{2}{2}$。

如果分数的分子分母相同，这个分数等于1，所以$\frac{2}{2}=1$。

当我们计算机会的时候，有这些小技巧大概就够用了。但是，如果你想更多地了解分数，可以去看我们的《绝望的分数》。

树图和拯救宇宙

你可以通过画一幅树图来了解机会到底是怎么一回事。你需要仔细读下面的内容：

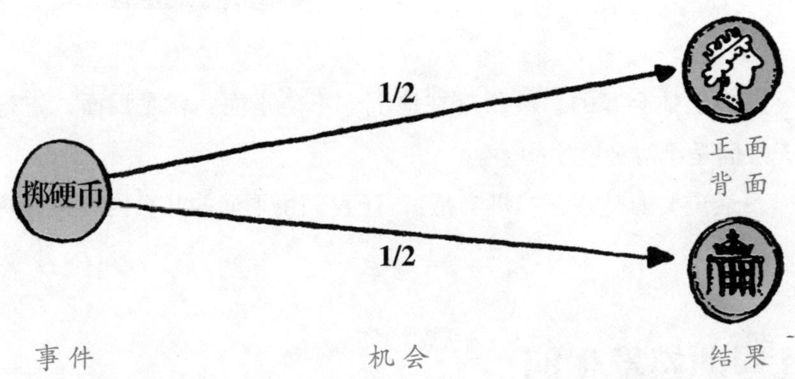

▶ 树图通常是从一个事件开始的，比如说掷硬币，然后伸出一些线（也叫树枝），用来表示不同的结果。接下来，我们将看到这些结果是如何引出其他的事件的，比如说第2次掷硬币。但是现在，我们还是简单为好。

▶ 所有与事件相关的结果都是相互排斥的，如果得到其中一个结果，另一个结果就不会产生。如果硬币落地时正面朝上，就不可能同时反面也朝上，这就叫做相互排斥。相互排斥的结果也有好处，那就是我们可以把它们加起来，一会儿你就会知道为什么有用了。

▶ 把每个结果的可能性在线上标注出来，与一个事件相关的所有可能性相加起来一定是1。就像我们简单的掷硬币事件一样，我们得到 $\frac{1}{2}+\frac{1}{2}=1$。

一旦明白了这些，你会发现树图几乎可以应付所有的情况。你正拿着一个普通的骰子，这时从佐格星球来的丑陋的高拉克走过来想和你谈谈。

他们觉得这挺刺激的，不是吗？保佑他们吧！你扔出4点的机会有多大？

骰子一共有6个面，所以就有6种可能的结果，每一种结果的可能性都是$\frac{1}{6}$。

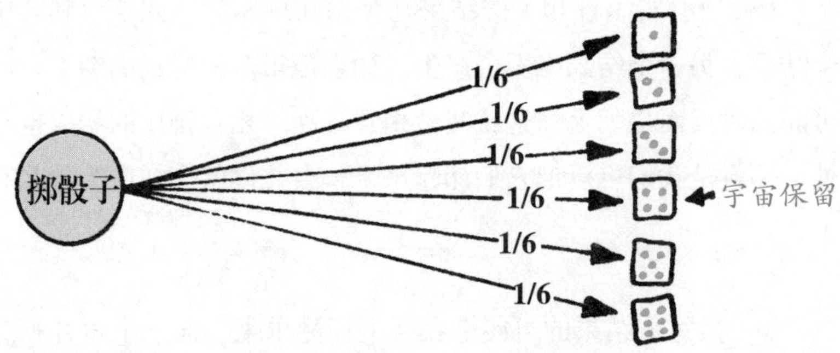

正如树图所表明的，只有一种可能能够拯救地球，所以机会是 $\frac{1}{6}$。

那么我们得不到4点的机会有多大？骰子的其他5个面都不会有4点，每一个面朝上的机会都是 $\frac{1}{6}$。因为它们是相互排斥的，所以可以加起来，这样不是4点的机会是 $\frac{1}{6}+\frac{1}{6}+\frac{1}{6}+\frac{1}{6}+\frac{1}{6}=\frac{5}{6}$。我们可以将树图简单化，因为如果得不到4点，其他的结果都没有用，宇宙就要毁灭了。

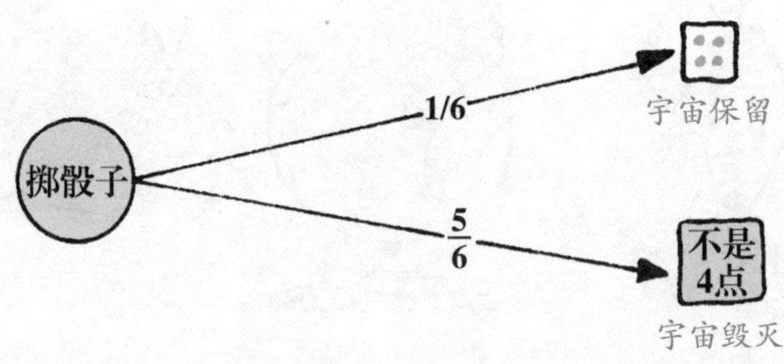

我们或者掷出4点，或者掷不出4点，这样的机会有多大？我们把两种可能性加起来：$\frac{1}{6}+\frac{5}{6}$，得到 $\frac{6}{6}$，就是1，这意味着机会是百分之百。当然是这样啦！你掷骰子，或者是4点，或者不是，还能有其他的结果吗？无论你说的是什么，所有的可能性相加能够得到1就没有问题了。

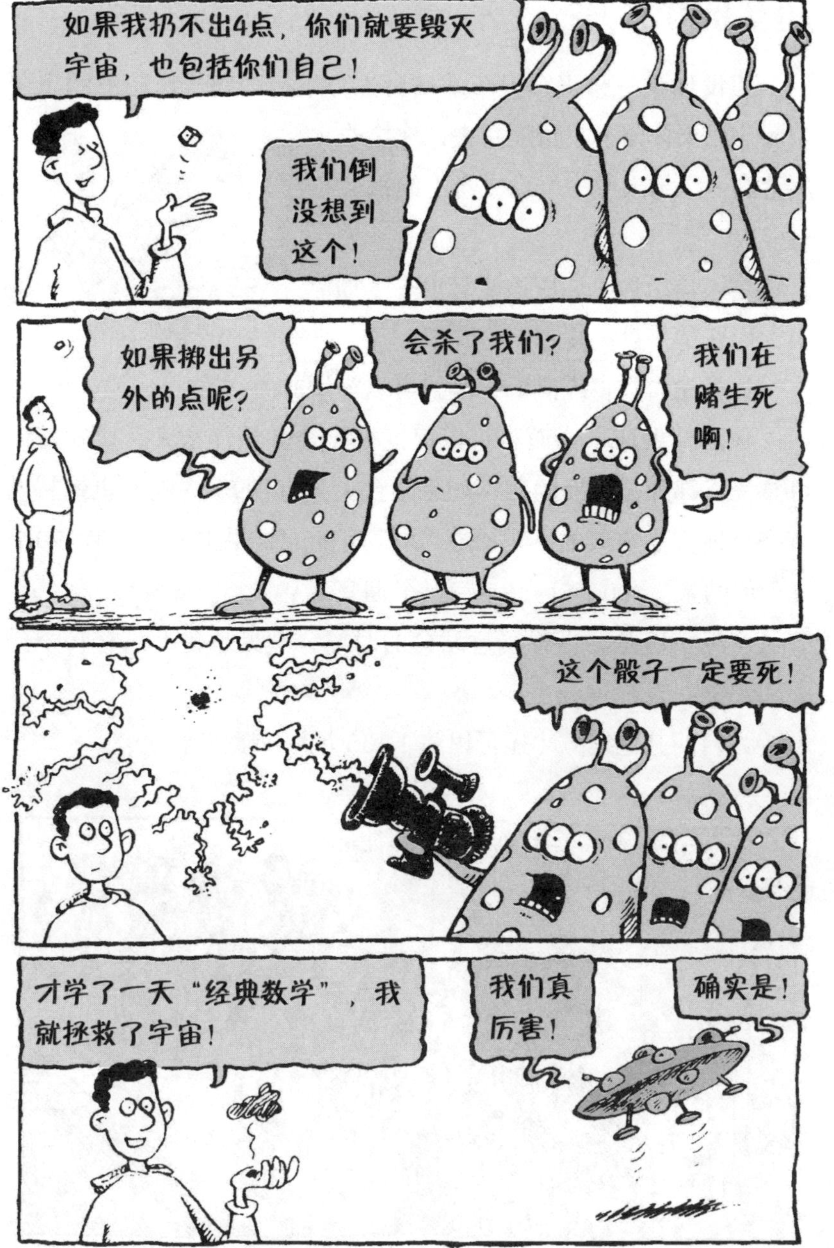
如果我扔不出4点，你们就要毁灭宇宙，也包括你们自己！
我们倒没想到这个！
如果掷出另外的点呢？
会杀了我们？
我们在赌生死啊！
这个骰子一定要死！
才学了一天“经典数学”，我就拯救了宇宙！
我们真厉害！
确实是！

鸽子的可能性

假设你是一只正在火车站站台上方飞行的鸽子，忽然间想要拉屎。如果你闭上眼睛随它去，你拉的屎落到一个男人或一个女人身上的机会有多大?

信不信由你，你应该能算出来（如果你恰好是一只极其聪明的鸽子）。

假设站台挤得满满的，刚好可以容纳200人。

你随便做坏事，而且可以保证一定会溅到什么人，要知道你可是一直都弹无虚发的啊！如果站台上只有199个人呢？也就是说有一个地方是空着的，那么在200个可能的结果中，你只有199个有效的结果。200个机会中就有1个彻底落空了，多浪费！

实际情况是，当你飞过站台的时候，看见站台上只有40个男人和25个女人。

站台的其他地方（还可以放下135个人）都空着。

在200个机会中，你有40个可能溅到男人，我们把它记作 $\frac{40}{200}$（如果你很擅长分数的话，你可能很想马上把它变成 $\frac{1}{5}$，但是在做可能性的计算时，最好还是把它留到最后）。

在200个机会中，你有25个可能溅到女人，也就是 $\frac{25}{200}$（对于酷爱分数的人来说，可能马上想把它变成 $\frac{1}{8}$，不过还是先抵抗一下这种诱惑）。

那么，或是溅到男人，或是溅到女人的机会又有多少呢？我们只要计算 $\frac{40}{200}+\frac{25}{200}$，就得出了 $\frac{65}{200}$（如果你前两次都把分数约分了，现在你就不得不去算 $\frac{1}{5}+\frac{1}{8}$，最后得到 $\frac{13}{40}$。看来，脑子转动过快也会有麻烦）。

要想得到1，你需要做的是把所有可能的情况都考虑到了。但是，到目前为止，我们只考虑了两种情况：你溅到一个男人，或者你溅到一个女人。第3种情况是什么呢？那就是你什么也没溅到，也就是你拉的屎溅到了135个空位中的一个。很简单，这样的机会的可能性是 $\frac{135}{200}$。

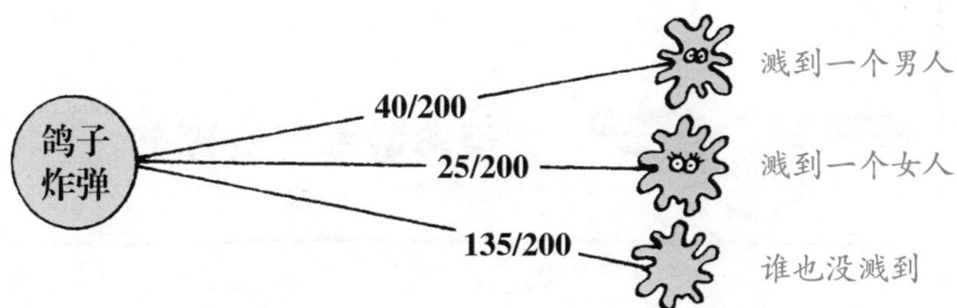

接下来，我们可以把所有的结果相加，因为它们彼此是相互排斥的（在3种可能性里面，鸽子只会碰到其中一种情况），结果就是：

$$\frac{40}{200}+\frac{25}{200}+\frac{135}{200}=\frac{40+25+135}{200}=\frac{200}{200}=1$$

对计算器法外开恩

在“经典数学”里，我们一般认为计算器是无能和失败的人才用的，但是，如果用来计算那些不公平的大数字，还是可以的。在你用计算器计算可能性的时候，要命的数学组织保证不四处巡查、敲你家的门，或者在你的窗前监视你。

以后，会有很大的数字需要做乘法或除法，所以你不必偷偷摸摸的，尽可以使用计算器的按钮。我们理解。

“经典数学”管理部

如何不失去你的裤子

你遇到过这样的事情吗？一天，一个人走到你身边，对你说："我可以舔到我的耳朵！"你马上冒出一句："我敢打赌你不行！"他说："那你赌什么？"你说："我赌我的裤子！"之后，他真的舔到了他的耳朵，你呢，只好光着屁股回家了。

你之所以把自己的裤子弄没了，是因为他看起来确实不像一个可以舔到自己耳朵的人，而你也觉得你的裤子永远都是你的。从这件事中，你应该学到一些最重要的教训——如果有人来找你，和你讲一些非常愚蠢的事，然后和你打赌，千万别轻易和他们打赌，也许他们确实知道一些你所不知道的事情。

为什么有些人不喜欢这本书

许多人可能会想，如果你读了一本关于机会的书，你很可能自信满满地去赌博，当然结果可能会输掉一大笔钱，而不仅仅是输掉裤子这么简单的事了。但是，如果仔细阅读本书，你会发现赌博并不是一件聪明的事。宾基·斯莫布瑞恩将用自己的亲身经历为你作解释。

老虎机为什么能够令你显得更愚蠢

当你看到一台闪亮的老虎机，你就可以用这个最简单，也是最傻的方法开始赌博。

如果你已经太老了又很有钱，而且你的钱没有别的用处，你可以随心所欲地玩。在你开始塞硬币之前，仔细看看这台机器。这是个漂亮的大盒子，有各种电子元件、时髦的灯和按钮，还有耀眼的彩色玻璃，它值多少钱？1000英镑？2000英镑？或者更多？现在再想想，谁愿意花几千英镑造这么一台机器，只是为了将钱发给爱玩的人？

别傻了，宾基。老虎机吞下去的钱远比它吐出来的多得多，它一样也会吞掉你的钱的。它使你看上去很傻，对多数人来说这就够了。如果你有钱可以随便花，你可以尝尝变傻的滋味，然后再决定将来花钱一定要物有所值。

好样的，宾基！你现在更傻了，你居然开始花不属于你的钱了。你为什么要这么做呢？你是不是认为：

- 到了老虎机吐钱的时候了。
- 老虎机觉得对不起你。
- 老虎机里面已经装满了硬币，不得不漏出来一些。

说实话，这其中的某个想法一定在你的空脑袋里嗡嗡转。真可怜！

虽然你在犯傻，老虎机却聪明得多。有的时候，它还会嘲笑你……

如果你还有理智的话，拿上这些钱赶快走。

想想从你心里转过的念头都够可怕的，不过你的想法可能是基于这几点：

▶ 你比老虎机更懂赌博。

▶ 老虎机爱你，而不爱别人。

▶ 有一个看不见的小精灵在你的肩上，带给你好运。

就这样你的钱流走了，不只是你刚赢来的那些钱，可能是你所拥有的一切。

宾基，你也不要着急。即使你输掉了所有的钱，你还可以装作好好享受了一番，起码你看到了闪烁的灯，你按动了那些华丽的按钮，你还听到了美妙的音乐。不错吧！下次，你最好去一家玩具商店，买一个电动娃娃，那上面也有闪灯、按钮和音乐。而且，它可以让你玩得更久一些，还能替你省很多的钱。

除了老虎机，还有其他许多种赌博方式，人们挡不住诱惑都想尝试一下。有趣的是，爱好赌博的人总是记性不太好。如果有一天他们赢了很多钱，他们会津津乐道几个月。但是他们总是忘了在其他的日子里，曾经输了多少钱。如果他们不仅输了钱，还输掉了裤子，那他们就不能再假装什么也没发生过了。

一个在蒙特卡洛使银行破产的人

1891年，一位叫查尔斯·德威尔·威尔斯的英国人创造了赌博的纪录。

7月，他到了蒙特卡洛的赌博胜地，3天内赢了相当于现在1000000英镑的钱。11月，他又回到蒙特卡洛，再次做出了同样的壮举。

他的经历震惊了世界，当时甚至有些歌曲是专门描写他的。但是，人们似乎都忘了，1892年当他再次来到蒙特卡洛时，输光了所有的钱，并且锒铛入狱。

蒙特卡洛的银行会怎么想呢？大肆的宣传吸引了更多的想扔钱的富人，银行高兴极了。在威尔斯赢钱的时候，他们也能轻易地支付（威尔斯只是使他们的一个小分支机构关了门）。最后，威尔斯受不住诱惑，输光了所有的钱。

1891年7月，打击了蒙特卡洛的银行。

1892年12月，在蒙特卡洛的监狱里砸石头。

公平的游戏

赌博的危害真的很多，但是也有许多用“可能性”玩的游戏不会对你有任何损害。

例如，用骰子玩的鲁斯棋或是蛇梯棋就是完全无害的，除非你是在密西西比的游船上和瑞弗波特·李尔以及布莱特·沙夫勒玩。

真的很奇妙，几条生活在沼泽里的蝮蛇就能让你的精力高度集中！

我们可不希望在本书结束前就失去你，所以最好赶快回家，和宾基玩上几局棋吧。

你和宾基各需要一堆筹码，如果没有，也可以用其他的东西代替，例如用过的火柴棍、干的豆子、钻石、珍珠、红宝石，或者是剪成圆形的纸。

简单的硬币

你们轮流掷硬币：

▶ 如果正面朝上，宾基给你1个筹码。

▶ 如果反面朝上，你给宾基1个筹码。

这个游戏非常公平，因为你掷硬币时有两个可能的结果——正面和反面，它们的机会是相等的。

你取胜的机会是 $\frac{1}{2}$。如果你们玩上很长时间，你们手里剩下的筹码应该和刚开始玩的时候大致一样，只是有一个小小的问题……

骰子（令人激动的成分多一点）

宾基一直掷骰子：

▶ 每次宾基掷出6点，你给他1个筹码。

▶ 每次如果不是6点，他给你1个筹码。

很明显这个游戏不公平。很快，宾基就会目瞪口呆，因为他所有的筹码都给了你。掷骰子有6个可能的结果，分别是1、2、3、4、5、6点，宾基取胜的机会只是6个中间的1个。为了更公平，让我们用稍微不同的方式来说这件事：

赔率：在这个游戏里，你可能会说我的获胜机会与宾基相比，是5：1。当你谈到可能性，你计算了赢的可能性和输的可能性，你把大的数放在了前面。有5个机会他不会赢，有1个机会他会赢，赔率是5：1。说明他赢的机会少，输的机会多。

对宾基来说，赔率是5：1，那对你来说，赔率又该是多少呢？宾基掷骰子的时候，你有5个赢的机会，1个输的机会。你赢的概率是5：1（通常也是把大的数字放在前面）。我们说赔率5：1支持你，说明你赢的机会大。

我们来听听专家怎么说：

另外说一下，如果你只是在掷硬币，你有1个机会赢，1个机会输。如果机会相等，你不能说赔率是1：1支持，

当我们说赔率是5：1的时候，也暗示了如何使游戏公平。

因为宾基每赢一次就可能输5次，当他赢的时候，你应该给他5倍的筹码。下面才是这个游戏公平的规则：

- 每次他掷出6点的时候，你给他5个筹码。
- 每次他掷出的不是6点，他给你1个筹码。

如果你们按照这个规则玩很长时间，你会发现，最后你们剩下的筹码和开始玩的时候大致是一样的。

我来掷硬币，我要正面朝上！如果是正面朝上，你给我1个筹码，如果是反面朝上，我给你2个筹码。

因为我输的时候，我给你2个筹码，所以我应该掷2次！

儿分钟后……

啊哈！

哇，什么都没了！

这是我们的老对手——恶魔教授。小心他混进来在游戏里作弊。

让我们来看看宾基为什么会输得这么快。每次教授掷硬币的时候，有3个可能的结果：

第1次

教授第1次就掷出了正面，宾基给他1个筹码。

第1次　第2次

教授第1次掷出了反面，但第2次掷出了正面。宾基给他1个筹码。

第1次　第2次

教授两次都掷出了反面，他给宾基2个筹码。

看上去挺公平，是不是？但是只有3个结果，而有2个让教授赢，赔率是2∶1，对他有利，所以他同意在他输的时候给宾基2个筹码。那么骗局在什么地方呢？

这里的秘密在于，虽然有3个结果，但不是每个结果都有相同的可能性。树图在这里才真的有用：

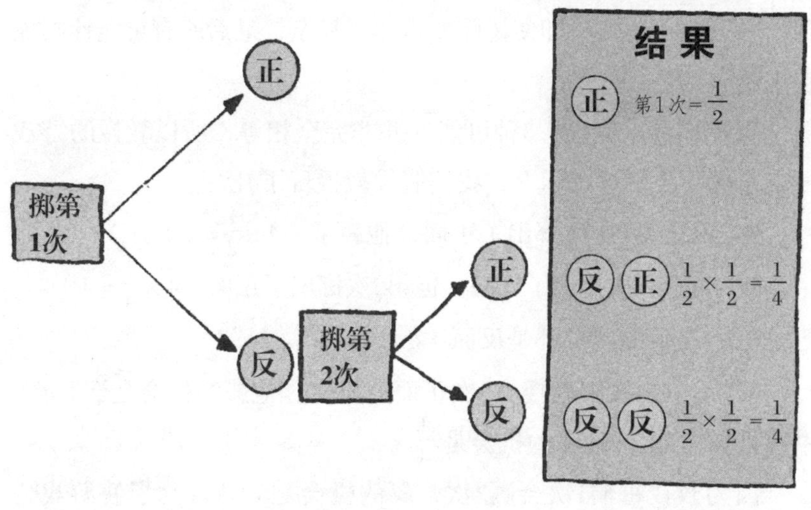

当教授第1次掷硬币的时候，有$\frac{1}{2}$的机会掷出正面，他直接就赢了；还有$\frac{1}{2}$的机会掷出的是反面，他可以再掷1次。在树图上，这是第2个事件，有两个分叉来说明第2次掷可能发生的情况——$\frac{1}{2}$的机会是正面，$\frac{1}{2}$的机会是反面。

你可以在右边计算出每个可能性的机会：

- 从左边开始，沿着不同的线算出最后结果。
- 在经过的线上写下所有的分数。
- 将分数乘起来得到可能性。

例如，你想计算出两次反面的可能性，你先是碰到一个$\frac{1}{2}$，之后又碰到一个$\frac{1}{2}$，把它们乘起来，你只需要把分子与分子相乘，分母与分母相乘，得到：

$$\frac{1}{2}\times\frac{1}{2}=\frac{1\times1}{2\times2}=\frac{1}{4}$$

所以，树图不仅可以告诉你有多少可能性，还可以告诉你如何算出每一个可能性。把这个游戏的所有可能性相加起来，你得到$\frac{1}{2}+\frac{1}{4}+\frac{1}{4}=1$（即使树图变得非常复杂，最后所有可能性相加起来还应该是1）。

现在你可以看出，3种可能性并非完全相等，所以教授的游戏一点儿也不公平。实际上，我们假设教授玩了4次：

- 两次第1次就掷出了正面，他赢了（$4\times\frac{1}{2}=2$）。
- 1次第1次掷出了反面，但第2次掷出了正面（$4\times\frac{1}{4}=1$）。
- 1次他的两掷都是反面（$4\times\frac{1}{4}=1$）。

显然，在4次中教授有3次正面的机会，他赢的机会是$\frac{3}{4}$。4次中他只会输1次，他输的机会是$\frac{1}{4}$。

因为教授每输1次会赢3次，赢的机会是3∶1。为了使游戏公平，所以他输的时候应该给宾基3个筹码，而不是2个。

该诅咒的！
你赢不了
我吧！

正面还是洗盘子

当我们掷硬币的时候，我们并不知道当它落地的时候哪一面会朝上，我们只知道正面或反面朝上的机会相等。因此，如果你掷10次，你可以把结果想象成5次正面和5次反面，许多人正是被这种情况所困扰了……

“哎，卢齐！”一个大个子的人舔干净了他盘子里的最后一点意大利面酱，说道，“真的非常好，就像我妈妈做的，只是少了点儿。你还有吗？”

“对不起，博塞里先生，”站在收银台旁边的人说，“你和你的同伴已经吃光了这个餐厅里的最后一点儿食物！”

坐在暗处的人说：“走吧！‘大肥猪’！我们该回家了，还有你，吉米！”

3个博塞里兄弟站了起来。

“我们最好走近路！”嘴卷卷的人说，“我想睡一大觉！”

其他人发出低低的玩笑声。“笑面虎”加百利可以睡上一年，他的妈妈不得不在家庭照片上画了他的脸。

卢齐打了个响指：“本尼，去拿先生们的衣服来！”

服务员本尼急忙到后面的屋子去，而卢齐则紧张地屏住了呼吸。7个人走近收银台，情况还算平静。

“自从我们上次来过这里之后，你搞得还真不错！”“黄鼠狼”说，“你说呢，‘刀片’？”

“是的，确实不错！”“刀片”博塞里说。

卢齐说：“看到你们两家和好了，我真开心。和睦总比四分五裂要好！”

谈起上一次的光临，7个人看上去都有点儿不好意思。

当时那顿晚餐很好，而且气氛友好，但是各自付账就又是另一回事了。

接下来的打斗让卢齐足足关了几个月的门，而他们自己也不得不在监狱里度过了这段时间。

“我们该付多少钱？”“链锯”查尔索说。

卢齐扫了一眼账单，他最怕这个时候。

“应该是……”这时他忽然没有了勇气，于是他干脆把那张纸推到一边，“算我请客吧！”

“放松，卢齐！”“刀片”笑着说，他捡起账单，“我们不会在这儿开打的。你知道的，我们都没带家伙，我们保证！”

“黄鼠狼”说：“而且，我和‘刀片’已经商量了一个办法，来决定由哪一家来付钱。”

“真的吗？”“链锯”和“笑面虎”同时问道。

“是的。”“刀片”说道，“我们来掷硬币。如果你们加百利赢了，我、吉米和‘肥猪’来付钱！”

“如果我们输了，我们4个付钱！”“黄鼠狼”说。

“‘黄鼠狼’，我有句话要说！”“链锯”查尔索将他拉到一边。

“这样做就对了！”“半笑脸”说，“‘刀片’，你能稍等一会儿吗？”

4个加百利聚到了一起。

“你们带了多少钱？”“黄鼠狼”问道。

“你这个傻瓜！”“半笑脸”打断他，“你没看见‘肥猪’博塞里吃掉多少东西吗？”

“链锯”说：“是啊！我们恐怕连自己的饭钱都付不起，更别说他们那帮家伙的了！”

“你知道，如果我们付不了账会发生什么，”“半笑脸”喃喃道，“我们得给卢齐洗几个月的盘子！”

“放轻松，伙计们！”“黄鼠狼”说道，“我最近一直在学习可能性的规律。我们所需要的钱只是一个硬币而已，瘦高个儿，你去找一个来。快去啊！”

那个很瘦的人走开了。

在后面的房间里，本尼正用手抱着一大堆衣服。他用尽力气，总算将7个人的衣服一下子都抱了起来。

抱着这么一大堆衣服的他正向门口走去，可是衣服实在太重了。一不小心，他整个人都向后摔倒了，被一大堆衣服埋在了下面。

“我一定是越来越虚弱了！”他自言自语道。他可不知道，这其实是因为衣服里面藏满了来复枪、手枪、子弹、手榴弹和金属短棒。

正当他挣扎着，准备从一堆装满了武器的衣服下面爬出来的时候，忽然听到了一阵从不远处传来的脚步声。生存的本能告诉他现在最好一动不动地藏着，注意倾听外面发生的一切。

砰！

“一个正面！”一个声音说。

砰！

“两个正面！”

砰！

“一个反面！”

本尼从衣服堆下面偷偷向外看，发现一个瘦子正急切地掷硬币。又扔了几次，他似乎心满意足了。

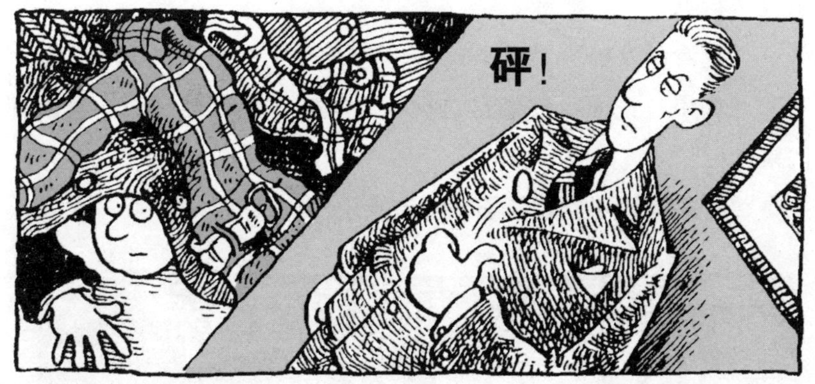

“4个正面，5个反面！”他自己说道，“就是它了！”

瘦子小心翼翼地拿着硬币，回来加入到另外3个加百利中间。

“你拿到硬币了吗？”“黄鼠狼”问。

“都数好了！”瘦高个儿说。

“半笑脸”问：“什么数好了？”

“黄鼠狼”解释说：“听好了！掷硬币的时候，正面朝上的可能性是一半，反面朝上的可能性也是一半，对不对？”

“应该是这样！”“半笑脸”说。

“那么，你扔10次，就应该有5次正面朝上和5次反面朝上，对不对？”

“是啊！”“链锯”附和道。

“我刚刚掷了9次。”瘦高个儿说，“到现在为止，4个正面，5个反面。”

“下一次应该是正面！”“黄鼠狼”补充道。

“哇！”“链锯”和“笑面虎”齐声欢呼。

这时，一根手指的吉米走过来：“伙计们，你们怎么样了？”

“黄鼠狼”回答道：“刚拿来一个硬币！”

“是吗？让我看看！”“刀片”说。

“刀片”拿着硬币，翻过来看了看。确实是一个正面，一个反面。

“行吗？”“肥猪”说。

“我看可以！”“刀片”说。

“如果是正面，你们付这顿晚饭的钱；如果是反面，就由我们来付！”“黄鼠狼”说。

“看来你们还挺有信心！”吉米说。

“黄鼠狼”“链锯”和纳波斯互相看了看，压住心中的喜悦。“半笑脸”努力拉长了脸，这使他比平时看起来更可怕。“让纳波斯来扔！”“黄鼠狼”说。

“不行！”一根手指的吉米说，“我不知道你们搞的什么把戏，我来扔！”

“用一个手指吗？”“黄鼠狼”暗笑道。

“照样管用！”吉米打断他，从外衣里抽出了个什么东西。“黄鼠狼”看到他的手上有金属的闪光，被吉米很快放到桌子下面。

“怎么了吉米？”“肥猪”说，“你想用圆珠笔打‘黄鼠狼’吗？”

“可恶！”吉米意识到自己的错误，“我忘了，我们没带武器，对不起，‘黄鼠狼’。”

“我可要这么想了！”“黄鼠狼”在椅子中间转来转去，“下次要有点儿礼貌。拔枪就拔枪，血腥一点儿好，墨水的痕迹可是会毁坏我的名声的！”

“我们这样来解决吧！”“刀片”将硬币递给卢齐，“朋友，你来帮这个忙吧！”

“他给了卢齐！”“半笑脸”大叫。

“还有作用吗？”“链锯”偷偷问“黄鼠狼”。

“既然是同一个硬币，就不会错！”“黄鼠狼”说，“来吧，卢齐。让我们看看结果！”

卢齐将硬币高高扔起，“当”地落在地板上。7个人俯身去看，砰的一声，脑袋撞在一起。

4声惊叫，3声大笑。接着，7个人重又直起身来。

“晚安！”“刀片”从本尼手里接过外衣，“非常感谢！”

“但是……”“链锯”想说点儿什么，可是“刀片”打断了他：“你们刚才说的名誉是什么？你们想要好名声，就得像乖孩子一样赶快付账吧！”

“伙计们，谢谢！”“肥猪”说，“吉米，推我一把，好吗？这门看起来怎么变小了！”

门砰地关上了，博塞里都走了。

“先生们！”卢齐说，“你们想怎么付账，现金还是支票？”

“擦盘子的布！”他们异口同声地说，然后一个接一个悲哀地向厨房走去。

问题出在哪里呢？事实上，“黄鼠狼”和他的朋友犯了3个大错……

“黄鼠狼”犯的第一个错误是：认为硬币是有记忆的

为了说明这一点，我要举个更傻的例子。假如你有两枚一样的硬币，你扔了99次，其中一枚每次都是正面。

请回答这个问题：下次你掷的时候，是正面的可能性大呢，还是反面的可能性大呢？在99次正面之后，你可能会想这次应该是反面了吧，不太可能连续100次正面的，是不是？

就在你思索的时候，3只疯狂的沙鼠跳到了桌子上。

答案是哪一种可能性都不会更多。毕竟它们只是硬币，那个已经被掷出了99个正面的硬币根本记不住自己曾经做过些什么。当它被掷第100次的时候，落地后正面和反面的机会仍然是一样的。

瘦高个儿掷的那枚硬币也一样，它不会记得自己曾经被掷了5次反面和4次正面。就算它记得，它又怎么能保证自己下一次一定能正面朝上呢。难道它能长上翅膀，控制自己落地吗？

或许，它长了短短的腿，能够在落地前的最后一刻跳过来？当然不会。

可是许多人就是固执地认为硬币是有记性的，对于他们的这种想法你一定会感到很惊讶。不信，你可以问问别人，结果一定会让你觉得很有趣的。

“如果硬币落在地上，99次都是正面，那么第100次会怎么样呢？”

如果他们说：“应该是反面了！”你就给他们做个报告，说一说长翅膀和腿的硬币，有意思吧！

“黄鼠狼”犯的第二个错误是：把预期和结果混为一谈

在我们计算一个游戏的可能性的时候，不要忘了它可是一个关于可能性的游戏。我们所做的是要找出什么样的结果最可能发生，但是它可以与实际结果完全两样。

如果一个游戏你只玩一次或两次，结果可能与预期相反。

但是如果你玩了很多次以后，你会发现结果基本上和预期是一致的。

我们来实验一下扔10个硬币，不是将1个硬币扔10次，而是一次扔10个硬币。在这种情况下，虽然结果是一样的，但是速度要比扔10次1个硬币快得多。因为每个硬币落地后，正面朝上的机会都是$\frac{1}{2}$，10个硬币就应该是5个正面朝上和5个反面朝上，让我们看看都发生了什么……

不得了！10个硬币中只有3个是正面，我们的成功率只有$\frac{3}{10}$，又是一个分数。这个数怎么能和我们预期的$\frac{1}{2}$相比？我们得用一个古代的数学秘密来帮忙。

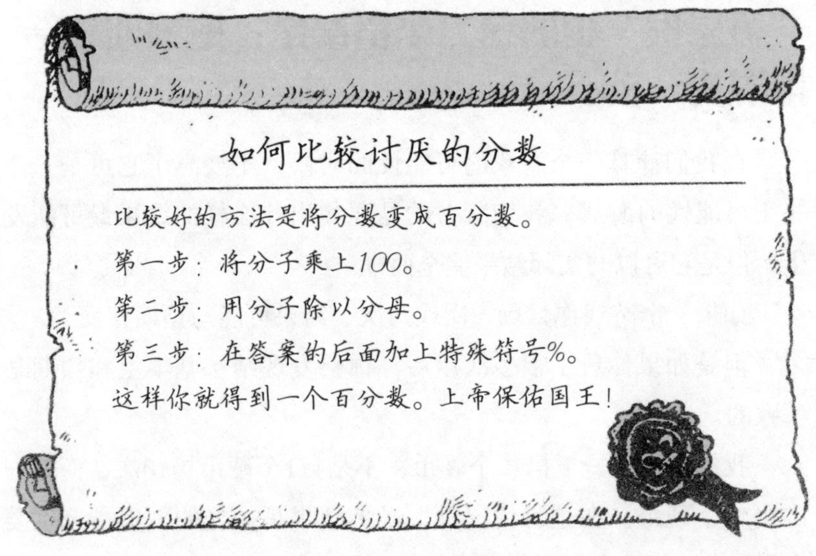

如何比较讨厌的分数

比较好的方法是将分数变成百分数。

第一步：将分子乘上100。

第二步：用分子除以分母。

第三步：在答案的后面加上特殊符号%。

这样你就得到一个百分数。上帝保佑国王！

这还不算太坏，让我们试试$\frac{1}{2}$和$\frac{3}{10}$。

▶ 我们期望的机会是$\frac{1}{2}$，

$$\frac{1}{2}\times 100\% = \frac{1\times 100\%}{2} = \frac{100\%}{2} = 50\%$$

▶ 实验的结果是$\frac{3}{10}$：

$$\frac{3}{10}\times 100\%=\frac{3\times 100\%}{10}=\frac{300\%}{10}=30\%$$

现在很容易比较这两个数，30%比50%少得多，所以说结果比我们的预期也差得多。你也许会说，只得到这么少的正面，我们可真不幸。但是要记住，我们可是学习了“经典数学”的读者，我们是不会被轻易打败的。所以我们还要继续这个游戏，而且要把每次掷10个硬币的结果都写下来。下面就是可能的结果：

次数	正面个数	正面个数的百分比	正面总个数	总次数	正面总个数所占比例	正面总个数的平均百分比
第1次	3	30%	3	10	$\frac{3}{10}$	30%
第2次	5	50%	8	20	$\frac{8}{20}$	40%
第3次	8	80%	16	30	$\frac{16}{30}$	53.33%
第4次	2	20%	18	40	$\frac{18}{40}$	45%
第5次	6	60%	24	50	$\frac{24}{50}$	48%
第6次	4	40%	28	60	$\frac{28}{60}$	46.67%
第7次	9	90%	37	70	$\frac{37}{70}$	52.86%
第8次	5	50%	42	80	$\frac{42}{80}$	52.5%

表身的最上面一行表示我们第1次扔10个硬币的结果——有3个正面，30%的结果。第2行表示我们第2次扔10个硬币的结果——5个正面，50%的结果。在第1次和第2次之后，正面的次数是3 + 5 = 8。而我们一共掷了20次，整体的结果是$\frac{8}{20}$，最后我们将它变成了百分数。

你可以看到，第1次我们的运气很差，但是第4次更差。不过没关系，因为我们还看到第3次情况不错，第7次则更好。我们要着重关注的是最后的百分数，几轮过后，它已经非常接近50%了。即使在幸运的第7次之后，它依然接近50%。

到现在，我们自己能够确信硬币落地后正面的机会是50%，但是“黄鼠狼”在哪里中了圈套?

如果你来看看我们的结果，在8轮中只有两次是5个正面和5个反面。

测验一下你的运气有多奇怪

为什么不试试看你的运气如何?像上面一样做个表，在每一栏上记下结果。找10个硬币，摇晃好了，一起扔在桌子上。

数一数正面有多少，记在你的表上。你应该发现你填写的行数越多，百分数越接近50%。

如果10次之后，你的百分数大于60%或者小于40%，那么这回你的运气真的是很奇怪。

“黄鼠狼”犯的第三个错误是：希望得到5个正面，5个反面

仔细阅读下面的话：

“掷10次硬币的最可能的结果是5个正面，5个反面。”

这绝对是正确的，但是它也是你所读过的最具误导性的话。

再仔细看看，是否有什么毛病。

现在，我们换一些其他的词，好让上面的这句话看得更明白：

“在你掷10次硬币的结果中，最有可能发生的是5个正面，5个反面。”

我们来换换脑子，让硬币休息一下，看看庞戈·麦克威菲放背心的抽屉。戴好防毒面具了吗?戴好橡胶手套了吗?

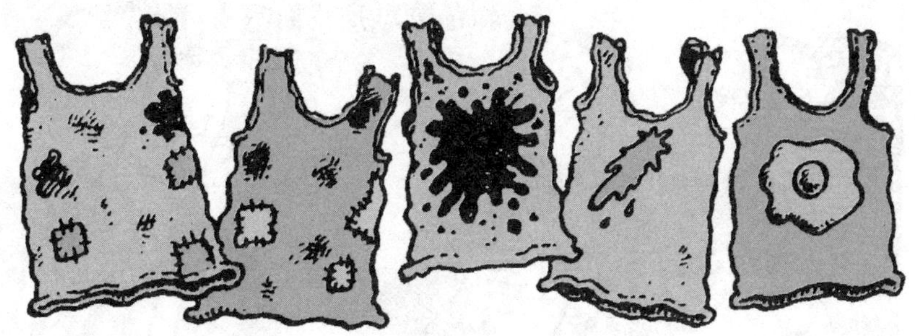

庞戈有5件背心。一件沾上了咖喱，一件有鸽子屎，一件上面有炒鸡蛋，另外两件由于时间长了开始褪色。如果你闭上眼睛，随便拿一件，什么恶心的结果最可能发生？下面是各种可能的结果：褪色=$\frac{2}{5}$，沾上咖喱=$\frac{1}{5}$，鸽子屎=$\frac{1}{5}$，炒鸡蛋=$\frac{1}{5}$。

我们也说一句误导的话：

“你最有可能拿到的是时间长了开始褪色的背心。”

这是对的，因为你拿到旧背心的机会是拿到沾上咖喱的背心的两倍。同样的，一个硬币你掷上10次，你更可能得到的结果是5个正面，5个反面，而不是6个正面，4个反面。

但是，尽管你最有可能拿到一件旧背心，你也只有$\frac{2}{5}$的机会，而其他的情况加起来有$\frac{3}{5}$，所以你拿不到旧背心的可能性更大。”

掷10个硬币的情况也是一样的，你更有可能遇到的是不出现5个正面、5个反面的结果。

到第10次的时候，你才会知道自己是不是幸运的。你已经有了4个正面，5个反面，最后一次是正面的可能性是$\frac{1}{2}$。

是的，有这个可能。

应该是24.61％，比$\frac{1}{4}$稍少一点。

你是不是想知道这个24.61％是怎么得出来的？你自然是想知道的，所以你才看“经典数学”。“黄鼠狼”肯定是没办法明白了，我们把他丢在一边，继续看下一章。在下一章里，我们会遇到数学中最奇妙的一件事，然后你就会知道答案。

数学中 最奇妙的一件事

向后退，关闭灯光，拉开大幕，敲响锣鼓……

“经典数学”隆重推出帕斯卡三角形

1 1

1 2 1

1 3 3 1

1 4 6 4 1

1 5 10 10 5 1

1 6 15 20 15 6 1

1 7 21 35 35 21 7 1

1 8 28 56 70 56 28 8 1

1 9 36 84 126 126 84 36 9 1

1 10 45 120 210 252 210 120 45 10 1

1 11 55 165 330 462 462 330 165 55 11 1

布莱瑟·帕斯卡（1623—1662），法国数学家，迷信，聪明，容易发脾气，发明了早期的计算器，39岁时因病去世。

正是他发现了上一章那个问题的答案，让我们仔细看一看他的三角形。在我们开始之前，我有个建议：将这一页折起来。尽快去做！当你明白了他的三角形有多么奇妙后，你会翻开看很多次的。

如何去画你自己的帕斯卡三角形

虽说这个数字的排列可以解决许许多多邪恶的数学问题，可是它画起来却很简单。你要做的就是从1开始，画两条斜边，然后在下面填上数字。在倒三角形下面的数，是上面两个数相加的结果，比方说，第2行的2是上一行两个1加起来的结果。再向下看，56是上面的21和35相加得来的，以此类推。在上页图中只有11行，但是在你自己的图中，你可以一直加下去，永远也做不完。

对我们一般人来说，帕斯卡三角形最大的好处在于，它可以直接解决我们掷硬币时碰到的问题。谢天谢地，如果要我们来算这些数字，我们至少需要一个像扶手椅那么大的脑袋。

谈到脑袋，你会发现在三角形的两边，有一个头和一个尾来帮我们解释问题。

1个硬币

看看第1行，你会发现有两个1。这一行告诉我们，如果我们掷一个硬币会发生什么。你把这一行的数字加起来，就得出会有几个可能的结果，1+1 = 2（你可以用计算器检查一下）。这说明掷一次硬币有两个结果，因为我们知道或者是正面，或者是反面。第1行也告诉了我们这个情况，因为一个1在前，一个1在后。是不是很精彩?

你要是糊涂了，也没关系，可能是太简单了。我们继续。

两个硬币

第2行（1–2–1）告诉我们掷两个硬币时会发生什么。我们把数字加起来，得到4个可能的结果。来看看这些结果都是什么，我们将它们提出来。用两个不同的硬币可能更好，我们叫作1p和2p。

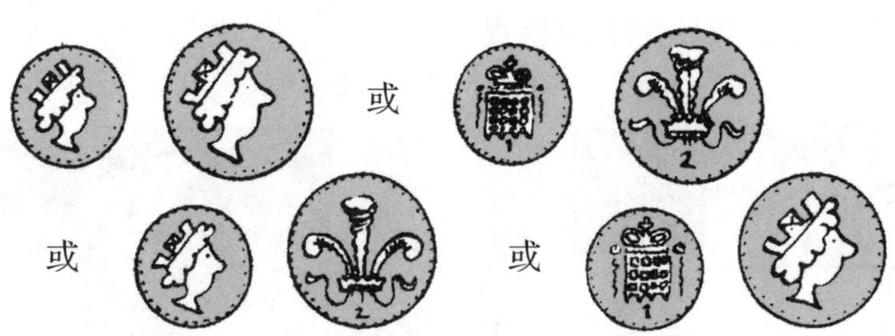

这就是掷两个硬币所有的可能结果，或是两个正面，或是两个反面，或是1p正面、2p反面，或是1p反面、2p正面。

1-2-1把所有的不同结果都告诉了我们，我们不需要一个一个挑选出来。

▶ 前面的1告诉我们，两个硬币都是正面的机会只有一个（为了更简单，我们现在称作HH）。

▶ 中间的2告诉我们，1个正面1个反面的机会是2（我们简称作HT或TH）。

▶ 最后的1告诉我们，2个硬币都是反面的机会只有一个（我们叫做TT）。

从这里我们可以得出不同结果的概率：

HH	4个机会里有1个或计作$\frac{1}{4}$
HT或TH	4个机会里有2个或计作$\frac{2}{4}$
TT	4个机会里有1个或计作$\frac{1}{4}$

还记得吗？所有不同结果的概率加起来是1，让我们来试试，$\frac{1}{4}+\frac{2}{4}+\frac{1}{4}=1$。确实如此！

我们也可以用树图来检查。

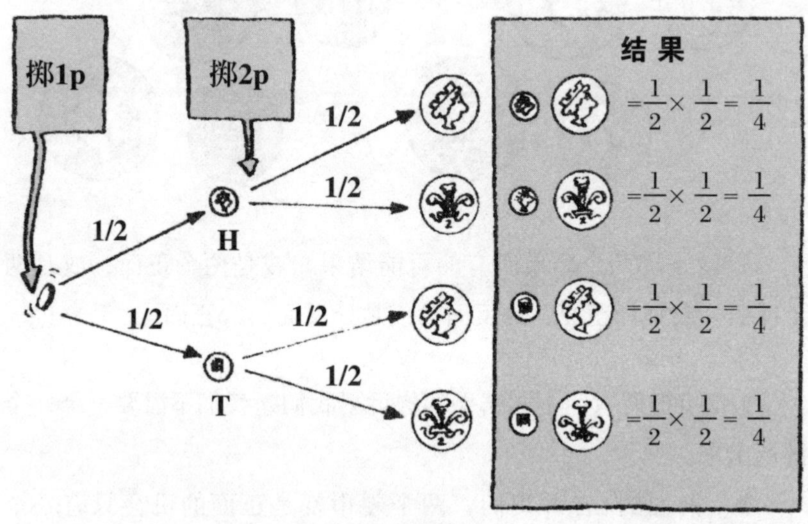

首先，设想一下，我们掷了硬币1p，得到正面或反面。然后，我们再掷硬币2p，看看有什么结果。4个可能的结果标在后面，机会都是$\frac{1}{2}$。

如果硬币是不同的，4个不同的结果就是显而易见的。有点儿难理解的是，如果硬币是一样的，依然有4个不同的结果。造成混乱的事情是，对于2个相同的硬币，有两个结果是一样的。HT和TH看上去一样，所以你会觉得只有3个结果：都是正面，都是反面，或者一正一反。

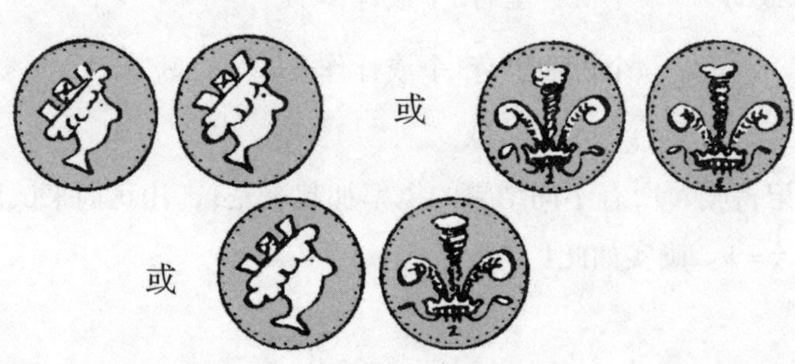

这给人的印象是每种结果的概率是$\frac{1}{3}$或33%。大错特错了！

（你还记得在“公平的游戏”一章里，恶魔教授玩的掷两次硬币的把戏吗？那个把戏就是狡猾地隐藏在掷两个相同的硬币的后面。）

3杯饮料

数学是一个让人口渴的东西，让我们先休息一下，到庞戈·麦克威菲的快餐车去。

庞戈卖两种棕色的饮料，一种是茶，一种是咖啡。每天早晨都会有3个汽车司机来他这里吃早餐，随意选择一种棕色的饮料。因为每一次都可能是茶，或是咖啡，所以和掷一个硬币是一样的，选择茶的机会是$\frac{1}{2}$，选择咖啡的机会也是$\frac{1}{2}$。

那么，今天早晨，庞戈卖出3杯茶的机会有多大呢？

因为是3杯饮料，所以我们得看三角形的第3行才行。1–3–3–1告诉我们：

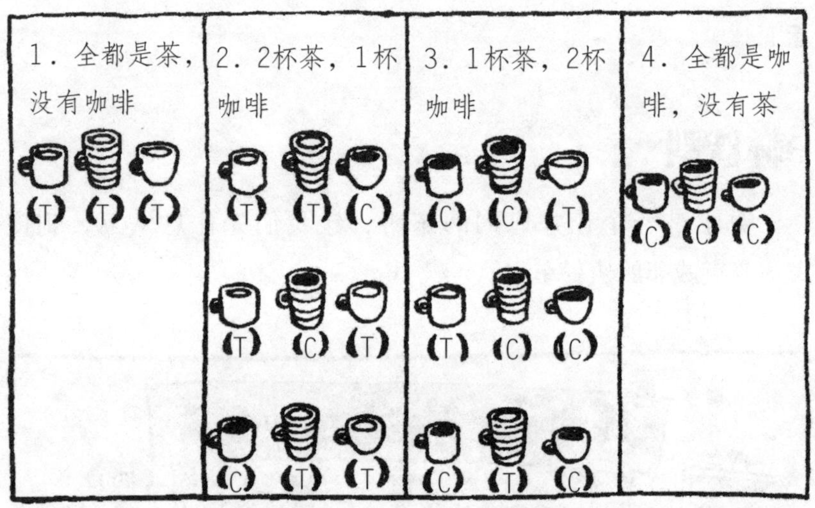

沿着这条线走下去，你会发现每个数字的变化都反映在结果上，也就是每少一杯茶，就多一杯咖啡。在三角形上，每一行都是这样的。

如果我们把1–3–3–1相加，会得到8个可能的结果，其中只有一种可能是3杯茶，所以3个司机都喝茶的机会是$\frac{1}{8}$（庞戈的3个壶是不同的，即使它们是相同的，也会有8个可能的机会）。

6个硬币

现在，让我们跳过几行，直接看看第6行上有些什么：1–6–15–20–15–6–1。

如果你掷6个硬币：

- 所有可能的结果是：1+6+15+20+15+6+1＝64。
- 6次都是正面的可能结果是：1。
- 5次正面，1次反面的可能结果是：6。
- 4次正面，2次反面的可能结果是：15。
- 3次正面，3次反面的可能结果是：20。

以此类推……

刚好得到3个正面和3个反面的机会是多少？这很简单，在64种可能性中有20个可能的结果，所以机会是 $\frac{20}{64}=31.25\%$。

帕斯卡2的乘方

你把一组2相乘，会得到2的不同的乘方。例如2×2×2，就是2的3次方，可以写成2^3。你要是算出来，会发现2×2×2＝8。现在，请你把三角形的第3行上所有的数字加起来，看看得到了什么。1+3+3+1＝8。有点儿恐怖！

再来试试2^4。如果你乘起来，2×2×2×2＝16。你看看第4行，数字是1–4–6–4–1。再把它们加起来会怎么样？算一下，给你个惊喜！

三角形的一个奇妙的地方就是，你可以将每一行中所有的数字加起来，得到2的任意次方。

比如，你想知道2^7，你只需要将第7行的数字加起来。很容易找到的，因为7离两边不远。你算出来1+7+21+35+35+21+7+1＝128，就是这个数。

生活在鞋里的人们

你可能知道这样一首古老的儿歌：

一个老妇人住在鞋子里，

她有许多孩子，不知道该带他们去哪里……

不知道去做什么，真的是很好玩。

实话实说，如果她清醒一些，她应该从鞋子里搬出来，做个尝试。

我们来做个有趣的游戏，假设她有9个孩子。那么，其中7个是女孩，2个是男孩的机会是多大？由于一共有9个孩子，所以我们得看一下第9行，1–9–36–84–126–126–84–36–9–1。把它们加起来（或者干脆算一算2^9），所有的可能性是512。

之后，从第9行的开端开始，这次是女孩和男孩，而不是正面和反面。

1个可能是9个女孩；9个可能是8个女孩，1个男孩……我们找到了我们想要的数：36个可能是7个女孩，2个男孩。

7个女孩，2个男孩的机会是$\frac{36}{512}$，接近7%。不是很奇妙吗？在“经典数学”里面，儿歌都不能幸免。

10个硬币

你还记得“黄鼠狼”打赌将一个硬币掷了10次吗？那和一次扔10个硬币是一样的，我们看看第10行：

第10行：	1	10	45	120	210	252	210	120	45	10	1
结　果：	10H	9H	8H	7H	6H	5H	4H	3H	2H	1H	0H
	0T	1T	2T	3T	4T	5T	6T	7T	8T	9T	10T

所有可能的结果是多少呢？很简单，是2^{10}，你可以将这一行的所有数字加起来，得到1024。

5个正面，5个反面的可能的机会有多少呢？也很简单，是252。（一个快速技巧：如果你的硬币数是双数，一半一半的可能性是这一行中间最大的那个数。）

那么，在10次中，出现5个正面和5个反面的机会有多大？是$\frac{252}{1024}=24.61\%$。正如我们所说的，比25%即$\frac{1}{4}$稍微小一点。

虽然5个正面、5个反面最有可能发生（它是所有结果中最大的数），你也应看到6个正面和4个反面，4个正面和6个反面，也各有210个结果。

想想有6个硬币落地都是同一个面朝上，这种机会有多大，会是很有趣的。

6个正面和4个反面，4个正面和6个反面，都会有210个结果。

保证会有6个一样的面朝上的结果一共是420。如果你将$\frac{420}{1024}$换算成百分数，这个数一定大于40%。

这就是说，掷10个硬币的时候，有6个一样面的机会比5个一样面的机会大。当然，只要你不计较这6个面是正面，还是反面。

现在你已经准备好了……

你抓起一把铜币去找你最好的朋友，给他讲掷硬币的故事和帕斯卡三角形。

在路上，你看见一个灯火通明的帐篷，里面不断有亮光闪烁。

那是什么？马戏团？露天游乐园？

这可不好，可是你总想看看，你绕了个弯，走到帐篷的布帘前。

一个小麦克风传出了声音：

“给所有家庭带来欢乐！快来玩吧！”

“给所有家庭带来欢乐！”你想着，走了进去。

忽然后面砰地响了一声，你回头一看，帐篷的帘子关上了。

这个帘子关上的声音可真有意思，砰的一声！但这不是普通的帐篷帘，也不是普通的帐篷。

“欢迎到我的钢筋铁骨的钛钢帐篷！”一个魔鬼般的声音笑着说，“这里没有出口！”

“别这样！”你埋怨自己的鲁莽，你怎么能这么傻呢？

那个声音又说：“好极了！”

然后，随着电光一闪，砰的一声巨响，你的大敌恶魔教授出现了。你被吓得瞠目结舌。

“正常情况下，你是不会随闪电和巨响一块儿出现的！”你说。

恶魔教授解着脚上的电线说：“正常情况下，我不会被电线绊倒！”

蓝色的电火花在屋顶闪烁，你惊呆了。

“真不错！”你说，“你用电使你的金属帐篷充满活力！”

教授大笑道：“这是我计划的一部分，要把你永远留在这儿！”

他说话的时候，你注意到他将1个硬币放进了发电机。

“只要我往里面放硬币，电线里面就有电流。”他嘿嘿地冷笑，“我有几百个硬币呢，现在我要弄更多的硬币。”

“从哪儿弄？”你问道。

“从你手里！”他笑起来，“我们来玩一个游戏，很快你所有的钱都会是我的，我的！”

你四下看了看。一张小桌子上方有一个标牌，看样子教授已经准备好了。

“想试试吗？”教授问道，“我知道你受不了诱惑。试一次1便士，直到我把你的钱都赢走。”

“对不起，我不想玩。”你说，你开始向出口走去。就在你刚刚靠近出口的时候，一道蓝色的闪电向你袭过来。你吓得跳到了一旁，回头再看你刚才站的地方，冒起了一股黑烟。

没办法，你只好先算算自己赢的机会有多大。帕斯卡三角形的第6行告诉你，掷6个硬币，有64种结果。只有一个结果是6个正面，你的机会仅仅是$\frac{1}{64}$。

如果在你赢的时候，教授只给你60便士。这样一来，每付64便士，你只能赢回60便士。显然，最后你一定会一无所有。忽然，你的脑袋里有了个好主意。

“好吧，我们玩！”你毫不含糊地答应了他。

教授递给你6个金币，怀疑地看着你。你付了1便士，然后扔一下。4个正面，2个反面。

“哈哈！你输了！”教授咯咯笑道。

“好玩！”你回答，“我能接着玩吗？”

“你必须玩下去！”他拿走了你的另一便士后说道。

你使劲地又扔了一次硬币，1个正面，5个反面。

你带着满不在乎的傻笑，又拿出1便士。

你攥着要掷的硬币更使劲地摔下去，哗的一声，硬币碰到桌子飞了起来，弄得满地都是。

在混乱中，你趁着教授没注意，将1个硬币藏到袖子里。

他蹲下来满地找。

“不好意思！”你说，“我觉得太好玩了！”

他嘟囔着说：“我会找到的。你也会接着玩，直到全输光了为止。”

“一定很好玩！”

教授疯狂地找了几分钟，只找到5个硬币。

你建议说：“我们就用5个硬币玩吧！如果全是正面，你给我60便士。”

“不行！”他说，“这样不公平，那样你就会赢了！”

你用有点儿失望的语气说：“那么这样吧，扔6个正面60便士，扔5个正面50便士，行不行？”

教授说：“这样还差不多！”

现在，你和教授采用新的规则玩刚才的硬币游戏。没用多长时间，你发现教授的钱全被你赢过来了。

蓝色的闪电停止了，你自由地走你的路。

可是你只能慢慢地走，因为你的口袋里装满了教授的钱，实在是太重了！

“给所有家庭带来欢乐！”麦克风还在响着，你听得出教授的声音非常悲惨。

他罪有应得。

那么你是怎么开始赢的呢？

答案

掷6个硬币的时候，有64种可能，你赢的机会是$\frac{1}{64}$。而全部正面你只能拿到60便士，所以你会慢慢地输。但是，掷5个硬币的时候，可能性只有32种，你赢的机会是$\frac{1}{32}$。教授却同意每次你赢的时候给你50便士，在32个可能性中，你能赢回50便士。所以，花不了多长时间，你就把全部硬币都赢过来了。

100万英镑的简单把戏

如果掷3个硬币，通过帕斯卡三角形可以发现，3个正面的机会是$\frac{1}{8}$，3个反面的机会是$\frac{1}{8}$。3个硬币同一个面朝上的机会是两者相加，即$\frac{2}{8}$或25%。但是，两个硬币同一个面朝上的机会有多大？

为了说明这个情况，我们得去一趟弗格斯沃斯庄园，去揭穿罗得尼·邦德的惯用把戏。

如果什么时候，你需要1000000英镑，你也试试这个办法。

最后想想

掷24个硬币，全部朝上的机会是$\frac{1}{2^{24}}$，也就是$\frac{1}{16777216}$。

中得全国（英国）彩票的机会是$\frac{1}{13983816}$。

所以中彩票比掷出24个正面的硬币的机会要大。

足球彩票、数字组合、咖喱、汉堡、电铃和抽奖

你碰到过这种情况吗？

如果还没有，早晚会有的。你需要做的就是看看前一页。

希望你能就此完事，但如果……

在这种情况下，你应该说……

说这些，就足够让他们闭嘴了。但是作为“经典数学”的读者，你一定想知道$\frac{49!}{43!\times 6!}$是什么意思，是从哪里得来的吧。

特殊符号：！

通常当你在一本书里看到“！”的时候，作者是想表现得很有趣（本书里就有很多），但是如果它是出现在一个数字后面，它就叫作阶乘号。令人激动的是，它只在计算可能性的时候才出现。比方说7！，意思是$7\times 6\times 5\times 4\times 3\times 2\times 1$。而且，只有整数才能使用这个符号（你不能说$4\frac{1}{2}$！），计算时要从大到小乘起来（最小到1）。这个符号甚至还有个绰号，比如你看到12！，你可以管它叫12的阶乘，也可以简单地称作“12砰”。

下面是1！到10！的结果：

1！=1　2！=2　3！=6　4！=24　5！=120　6！=720

数字越来越大了，对不对？

7！＝5040　　8！＝40320　　9！＝362880

10！＝3628800

娱乐一下，你知道

20！＝2432902008176640000

顺便说一下，数学家们可是花了很长时间来决定0！等于多少。最后，他们得出的结论是这样的：

你算出来了！彩票的中奖率是$\frac{43!\times 6!}{49!}$！

$$\frac{43\times42\times41\times40\times39\times38\times37\times36\times35\times34\times33\times32\times31\times30\times29\times28\times27\times26\times25\times24\times23\times22\times21\times20\times19\times18\times17\times16\times15\times14\times13\times12\times11\times10\times9\times8\times7\times6\times5\times4\times3\times2\times1\times6\times5\times4\times3\times2\times1}{49\times48\times47\times46\times45\times44\times43\times42\times41\times40\times39\times38\times37\times36\times35\times34\times33\times32\times31\times30\times29\times28\times27\times26\times25\times24\times23\times22\times21\times20\times19\times18\times17\times16\times15\times14\times13\times12\times11\times10\times9\times8\times7\times6\times5\times4\times3\times2\times1}$$

说实话，读这么一本有着如此荒谬数字的书，你是不是觉得挺自豪？现在，让我们一起来搞清楚这些数字是从哪里来的。

警告：如果下面一些东西看起来像在耍花招，那是因为……它们其实就是在耍花招。第一次读的时候，你可能觉得很糊涂，但不要着急。

数字的排列和组合

我们现在有借口去一趟拉甲美食餐厅，带上把椅子，系好餐巾，我们这就出发了……

这个价值1英镑的晚餐有3道菜。香瓜可以让你的鼻子冒热

气，咖喱正餐可以让你的耳朵冒热气，而蛋糕能使你站起来，让所有的热气释放出去。非常有趣，只是你没有其他的选择。从数学角度说，各道菜只有一种组合，就是香瓜、咖喱和蛋糕。花1英镑就可以吃到，你是不是想天天晚上都去？

有个办法。每天都是先香瓜，然后咖喱，最后蛋糕，可以试试先来咖喱，再来蛋糕，最后来香瓜。或者是蛋糕、咖喱、香瓜。也可以是香瓜、蛋糕……你明白这个意思了吗？问题是，3道菜可以有多少种顺序组合？

我们并不古板，我们可以想得透彻一点儿。在数学里，不同的顺序叫作排列，所以我们的问题是，如果3件事有一个组合，一共可以有多少种排列?

▶ 最初，你要决定从什么开始。你有3个选择，香瓜、咖喱、蛋糕。

▶ 之后，你要选第2道菜。现在，还剩下两个选择，也就是你可以组合的菜的数量（例如，如果你选择咖喱开始，之后你或者选香瓜，或者选蛋糕）。因此，你可能吃的头两道菜的排列数量是3×2=6。

▶ 到第3道菜的时候，你就剩下一个选择了，因此你的选择是1。这样你所有选择的排列数是3×2×1=6。

需要注意的是，在这里你只有一个组合。

无论你按什么顺序吃这3道菜，在你肚子里的组合都是一样的，香瓜、咖喱和蛋糕。

你要是不相信，可以打开来看看……

当然不是很好看，不过至少可以提醒你，顺序不影响组合。

到现在为止，我们已经算出了如果有3个物品的组合，排列有3×2×1＝6种，你也明白了！符号是很好用的。我们可以说，如果有3个东西，排列顺序的数量是3！。我们一会儿还需要这个结果，所以我们用咖喱蛋糕渣做个标记。

继续前进……

另外需要知道的是，组合里面的东西越多，排列的顺序也越多。

在周五，你有5道菜。如果你把它们全吃掉，尽管只是一种组合，排列顺序可多了。实际上有5×4×3×2×1种排列顺序，你可以写成5！，结果是120种。

到现在，决定吃什么很简单。你确切知道你要吃什么，唯一的问题是你按什么顺序吃。

庞戈的汉堡吧

让我们走出去，品尝一下庞戈·麦克威菲汉堡吧的美味烹调。

庞戈有7种不同的食物，你可以选其中的任意3种，那么这一顿饭你可以有多少种不同的选择？

用数字来说会简单一些。

假设你选了第1个，又选了第2个和第3个。最开始你有7个选择，然后是6个和5个。这样，在7个里面选3个的排列顺序是7×6×5=210种。用阶乘符号我们可以做得更简洁一些，就像这样：

$$\frac{7!}{4!}=\frac{7\times6\times5\times4\times3\times2\times1}{4\times3\times2\times1}=7\times6\times5$$

可以看到，4×3×2×1这个部分在上下被抵消掉了，所以，虽然从$\frac{7!}{4!}$开始，你剩下的只是7×6×5。

排列的公式

再假设你正在看一份菜单，要从43种菜中间选出9种。

你这9种菜有多少种不同的顺序呢？换句话说，从43种中选出的9种有多少种排列方式？

下面是计算任意数字的所有排列数的公式：

$$所有排列数=\frac{(你可以选择的所有数量)!}{(你不能选择的数量)!}$$

开始的时候，设想你可以选菜单上所有43种菜。这样有多少种排列？可以选择的是43，不能选择的是0。所有的排列数是$\frac{43!}{0!}$。我们知道0！=1，所以你的排列数是43！。

还记得前几页关于1英镑特供的故事吗？当时有3种菜，我们都可以选。按照这个公式，排列的数量是$\frac{3!}{0!}=6$。如果你回去找我们用咖喱蛋糕渣做的标记，你会发现我们当时计算的结果也是这样。

再来假设你只能从43种菜中选取9种，应该有多少种排列？

让他去吃，我们来用公式计算。可以从43种中间选择，不能选的是43−9＝34。我们把数字放到公式里，得到$\frac{43!}{34!}$，结果大于

20000000000000。如果庞戈每一道菜都供应，足够世界上的每个人每天吃不同的排列，差不多要吃100年。

回到现实中来。

在庞戈的正常的菜单里，我们可以从7种中选3种，不能选的数目是4。因此，排列的数是$\frac{7!}{4!}$，我们已经知道了，结果是210。

组合的公式

210种？让我看看都是什么……
马上就好！
供应210种不同的食品
鸡蛋、蘑菇、汉堡
蘑菇、汉堡、鸡蛋
蘑菇、鸡蛋、汉堡
都是鸡蛋、汉堡、蘑菇，你怎么能说是不同的呢？
它们的顺序不一样！
在拉甲美食餐厅，库玛尔按顺序上每一道菜，所以顺序起作用。而你把所有的东西放在一起，做成个黏糊糊的汉堡。
可是，那也是按照个人的喜好做的啊！
而且还有头皮屑。
你的210种中含鸡蛋、蘑菇、汉堡的菜还有什么？

换句话说，虽然有6种排列顺序，但其实是一个组合。这对我们才是有用的。

回头看看我们用咖喱蛋糕渣做标记的地方，一个组合里有3个东西，排列顺序的数量是3！=6。

庞戈说，一个组合有6种不同的食品，他可以弄出210种花样，所以不同的组合的数量是210÷6=35。

有点儿不好懂，让我们再慢慢地看一下。有两个方面要理解：

▶ 每3个东西的组合都会有6种排列顺序（例如，土豆、鸡蛋和香肠是一个组合，虽然与我们刚才看到的是不同的组合，但是也有6种排列顺序）。

▶ 我们已经算出了所有组合的所有可能的排列顺序是210种。

用210（所有3个东西组合的所有排列）除以6（每一个不同组合的所有排列），我们可以得出一共有多少不同的组合。

遇到“组合的排列”这类词的时候，我们常感到不知所措，我们还是来看些简单的东西，与组合无关。

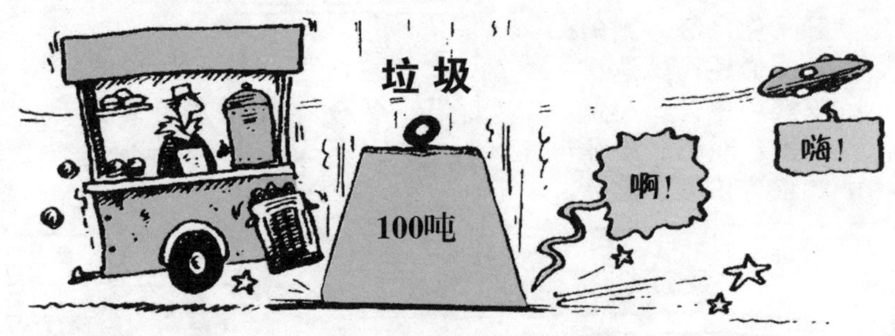

真准时！这是佐格星球来的高拉克。

每个高拉克有6个脚趾，而飞船上有210个脚趾，有多少高拉克在飞船上？答案：

$$\text{高拉克的数量}=\frac{\text{所有的脚趾数}}{\text{每个高拉克的脚趾数}}=\frac{210}{6}=35$$

如果他们意识到他们已经把飞船的控制台推了出去，他们还能冷静吗？

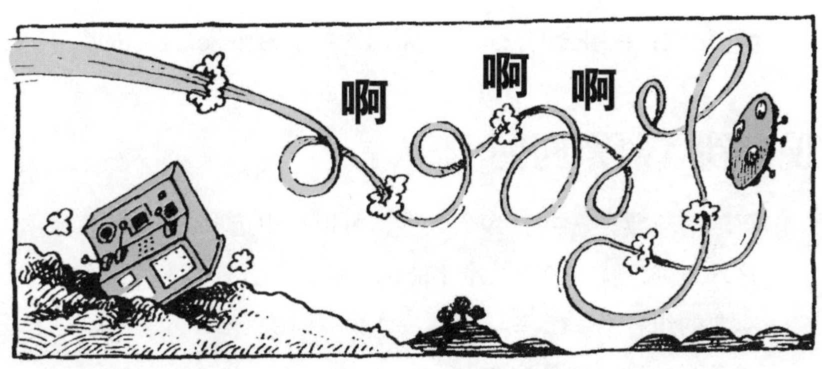

好了，让我们回到组合：

$$组合数=\frac{所有排列的数量}{每一个组合的排列数量}=\frac{210}{6}=35$$

就是这样！如果庞戈的菜单上有7道菜，让你选3种不同的，那么就有35种不同的组合。

恭喜恭喜！你过了这本书里最具欺骗性的关口。

现在，我们把排列从这个公式里去掉，让事情简单一点儿。

如果我们看用阶乘写出来的相同的数字，会发现一些有趣的东西：

▶ 3种东西的排列顺序数一共有3！（结果是6）。

▶ 我们知道所有可能的排列顺序数是$\frac{7!}{4!}$（结果是210）。

从7个里面选3个得到的不同的组合（你可以写成C_7^3），我们用$\frac{7!}{4!}$除以3！，这个公式就是$C_7^3=\frac{7!}{4!\times 3!}$。

你可以看到，下面的数加起来等于上面的数。这可不是巧合。实际上，任何数字的组合公式是：

$$组合的数量=\frac{（所有数量）!}{（你可以选择的数量）!\times（你不可以选择的数量）!}$$

▶ 记住：在组合的公式里，下面的数字相加等于上面的数字。

现在到了彩票时间

英国的彩票，一共有49个数字，可以从中选取6个。

这样一来，就有43个数字不能选。那么，会有多少种组合呢？

彩票的组合数$=C_{49}^6=\frac{49!}{6!\times 43!}=13983816$

本章开始讲的就是这个。

我们只是算出了彩票的组合种类，你也可以用这个公式算出其他博彩的机会。有点儿琐碎了，是不是？我们来看些其他的。

消失的数字

星期五的晚上，可爱的维罗尼卡和足球队一起出去庆祝周末了，他们所有人又把她护送到她的家门口。多么温柔的时刻，每一个队员都满怀希望地闭上眼睛，嘴唇颤抖，身体前倾。不幸的是，维罗尼卡的父母听到了他们一路的噪声，知道她回来了。维罗尼卡知道时间只够她亲11个人中的4个。

她有多少种选择？$C_{11}^{4}=\frac{11!}{4!\times 7!}$。老天，没时间拿计算器了。关于排列和组合的最美妙的事是，答案从来都不会是分数，也就是说下面的数一定会被除尽。这可能是你拿着铅笔遇到的最有趣的事，让我们来算算：

$$\frac{11!}{4!\times 7!}=\frac{11\times 10\times 9\times 8\times 7\times 6\times 5\times 4\times 3\times 2\times 1}{4\times 3\times 2\times 1\times 7\times 6\times 5\times 4\times 3\times 2\times 1}$$

（在我们继续之前，拿着书给别人看看这个数。如果需要，把这本书在他们眼前使劲儿地晃晃，告诉他们这些天你就在做这些事，不用计算器，只为高兴高兴，因为你实在太聪明了！）

我们继续。我们可以在上面和下面同时把7！去掉，剩下：

$$\frac{11\times 10\times 9\times 8}{4\times 3\times 2\times 1}$$

这样数字就少了一多半。之后，我们看到下面的4×2可以把上面的8去掉（我们也不需要下面的“×1”）。现在只剩下：

$$\frac{11\times 10\times 9}{3}$$

下面的3可以被上面的9除掉，剩下3，我们看到：

维罗尼卡的选择数量$=11\times10\times3$

看看！下面没有了。

如果你现在想用计算器，就用吧！你会发现维罗尼卡一共有330种组合可以选择，这就是说在未来的$6\frac{1}{3}$年里，每个周五晚上的组合都是不相同的。

当然，你可能是用计算器算的结果：

看到了吧！当你知道如何使用脑子的时候，计算器可以变得很低能。

设想一下，老师要求你写一篇20页的历史论文，你忽然看到一个说明，你只需要写一页半就够了。

当然这种事情不会发生在历史课上，或者其他类似的东西上。可是在排列组合上，随时都在发生。

巨大的数字就在你眼前崩溃，感觉好极了。我们现在知道了我们在做什么，感觉更妙了。

现在宣布好消息……

你相信吗？计算组合还有更快的捷径。还记得当我们从庞戈的7道菜里面选3道的时候，我们得出可能的组合方式是35种吗？我们在这本书里碰到过35这个数。想得起来在哪儿吗？

啊！是的，当然那里有，但是35这个数还出现在更显著的地方。让我给你一点儿提示：

假设我们从7个中间选1个，这样有多少种不同的组合？不需要想，答案显然就是7。

假设我们从7个中间选2个，这样有多少种不同的组合？应该这么算：

$$\frac{7!}{5!\times 2!}=\frac{7\times 6\times 5\times 4\times 3\times 2\times 1}{5\times 4\times 3\times 2\times 1\times 2\times 1}=\frac{42}{2}=21$$

而选3个的结果是：

$$\frac{7!}{4!\times 3!}=35$$

我们选4个的组合结果是一样的：

$$\frac{7!}{3!\times 4!}=35$$

现在，我们不用往下继续，只要仔细看看这个系列的数字，7-21-35-35。

想起什么了吗？想想如果什么都没有，会有多少种组合，也许会有帮助。

答案是只有一个机会有一个空盘子。现在这个系列变成1–7–21–35–35。

对了！翻到你做了折页的那页纸，就在那儿呢！如果你从7个里面选择，帕斯卡三角形的第7行告诉你可以有多少组合。你从一边开始，第一个数是从7个里面选0个组合数。

太惊人了！从8道菜里面选意味着我们要看三角形的第8行：1–8–28–56–70–56–28–8–1。

我们从8个中间选5个，有多少种组合呢？这样开始数，0，1，2，3，4，5，我们得到56个可能的组合。你可以用组合的公式算一下：$C_8^5=\frac{8!}{5!\times 3!}$。你得到什么结果？

我们挑选维罗尼卡的男朋友的时候，也可以用这个方法。看第11行，数0，1，2，3，4，结果是什么？

真正的重金属音乐

如果你一直想做一些真正声音大的音乐，看看这是不是吸引你……

- 制作的音乐几千米外都可以听到。
- 没有人能叫你安静下来。
- 根本没有曲调。
- 你可能从中挣到点儿零花钱。

答案是到有大钟的教堂、会议厅等地方敲钟。英伦三岛有很多这样的钟，世界上其他许多地方也有。这些钟都很重（经常是半吨或更重），而且声音非常大。一旦你掌握了让大钟晃动的技巧，又能够用绳子去控制，确实很好玩。

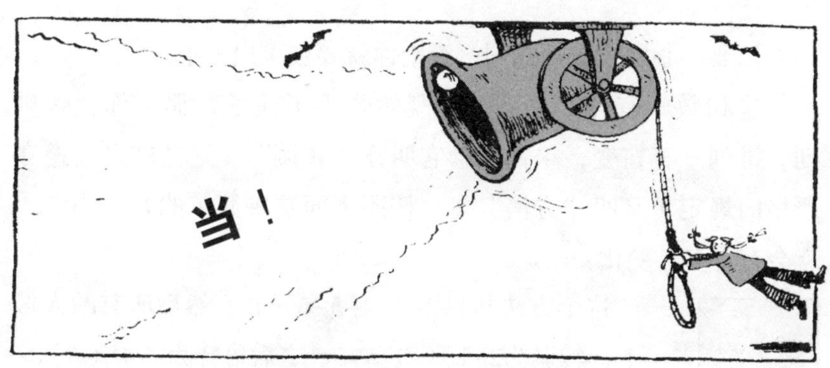

通常一个大钟里面只有6个音钟，每一个发出不同的音，有点儿像钢琴上的6个不同的键。

每个音钟由一个人来操纵。敲钟的时候，按照1-2-3-4-5-6的顺序敲。

第1个音钟是高音，发出的声音最高，通常也是最小的。第6个音钟是低音，发出的声音最低。

用它们你连一首简单的曲子都弹不出来，因为这些音钟太重了。

它们摇晃起来的时候，你只能使它们加快或减慢，稍微改变一下钟声的次序。如果一个钟乐队想弹奏《铃儿响叮当》，音钟大概需要按这个顺序来响：4-4-4-4-4-4-4-2-6-5-4。敲第4个音钟的人一定会是这样：

你要小心别让牧师抓到，否则你就要被敲出去了。

这和数学有什么关系？你既然弹不了曲子，那么你就弹排列。排列一直在变，敲钟人管它叫作“转调”。这些转调要遵守严格的规定（又叫“方法”），按照下面这种简单的音阶小调，就会有许多种变化：

123456
214365
241635
426153
462513
645231
654321
563412
536142
351624
315264
132546
123456

这个方法从1-2-3-4-5-6开始，然后所有的人敲一下，转调为2-1-4-3-6-5，之后再转为2-4-1-6-3-5，之后再换。

每行都有6个音钟的不同排列，最后再回到1-2-3-4-5-6。

为了防止过快或过慢，每一次，一个音钟只是和前面的或后面的音钟换个位置。

如果你把所有的1用线连接起来，你会发现一条平缓的线，从上到下贯穿整张纸，不会有跳跃。

其他的数字也是这样。

“普通的音调改变法”（PlainHunt）是很简单

的方法，有许多排列并不包含在里面（例如，1-5-3-4-2-6或者6-2-3-4-5-1）。

许多世纪以来，敲钟人发明了很多种蛊惑人心的敲法，包括变调奏鸣法和独奏法，一个好的敲钟团可以敲遍所有的排列，然后回至1-2-3-4-5-6。

如果你有6个音钟，你可以敲出多少种组合？很简单，当然是6！=720。（而普通的音调改变法只有12种。）

如果你用一个巧妙的方法，敲完所有的排列大概需要25分钟。从1-2-3-4-5-6开始敲，几分钟之后，声音一定是乱糟糟的。如果你做得好，忽然之间就像受了魔力似的，你可以马上回到开始的1-2-3-4-5-6。多练几次，你会上瘾的。

如果你练得好，你有可能被邀请去婚礼或洗礼仪式上敲钟，通常是有报酬的。

长钟声和四分之一

在特殊的场合，好的敲钟人要敲长长的钟声。无论你用多少个音钟，你要做5040个转调。

如果用6个音钟，你就要将每个排列敲上7遍，可能要花上3个小时。

四分之一的长钟声就轻松许多了，你只要敲1260个转调，大约花上45分钟。

大钟

有些钟里的音钟少于6个，而多数有更多的音钟。

▶ 如果你有8个音钟，所有的转调是8！= 40320。要是敲个遍，你需要不停地敲上24小时。

▶ 如果你有10个音钟，所有的转调是10！需要你不停地敲上3个月。

▶ 世界上有12个音钟的大钟一共有100个，你要花33年的时间敲遍所有12！的转调。

对于伯明翰的圣马丁教堂的敲钟人来说，这绝对是坏消息。那儿有16个音钟，最大的将近2吨重。如果要敲遍所有16！的转调，他们要不停地花150万年。在这中间，每一个音钟（包括那个最大的），要响上2000000000000次。

骰子、日期和狡猾的纸牌

在本书的前面部分，我们说过硬币是没有记忆的。

但是如果你拿的是一副纸牌，有的时候它们倒是有记性的。

当然了，纸牌并没有头脑和神经，但是下面的演示可以告诉你发生了什么：

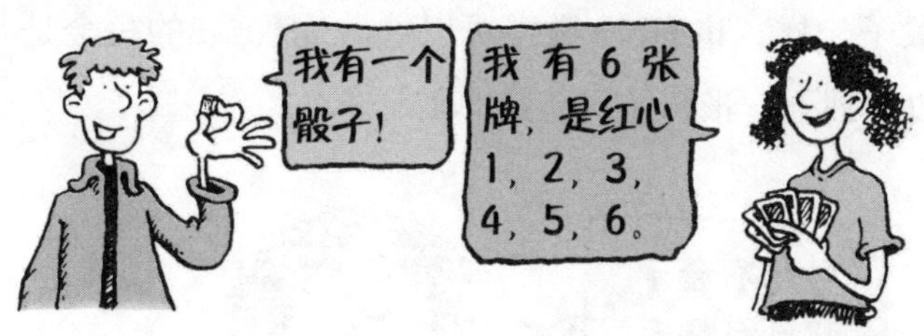

掷一下骰子，是几？

很公平，骰子有6个面，你有$\frac{1}{6}$的机会掷出一个2，你得到了。如果你再掷一次，你可能再掷出一个2吗？

对！骰子并没有变化，上面仍有一个2。你再掷的时候，还是有$\frac{1}{6}$的机会掷出2。第1掷的结果不会影响第2掷，这样的结果被称为“独立的”。

我们再来看看纸牌。洗好牌，翻开最上面的一张。

像骰子一样，也有6个数字可以选。你拿到3的机会是$\frac{1}{6}$。把3放到一边，翻下一张，还可能是3吗？

在这种情况下，结果就不是独立的。你选的第1张牌影响到了第2张牌，因为第2张牌一定要是不同的。纸牌记住了你选过的牌，不让你选第2次。如果结果是不同的，它们就叫作“互相排斥”。（你的脑袋里是不是铃声大作？对了！我们在第15页遇到过相互排斥的结果。）

知道什么时候是独立的、什么时候是相互排斥的很重要，因为它会使结果不同。为了帮助我们找到原因，先给你介绍一位特殊的客人：

德·梅尔骑士一生都在用纸牌、骰子，掷硬币以及你能想到的任何方式赌博，一本关于可能性的书不可能不提到他。

本来他一直生活得很好，但是在1654年他开始玩一个新的赌博游戏之后，他几乎破产了。

这个游戏看起来德·梅尔骑士一定会赢，但是后来他输得太多了。于是，他立即写信给帕斯卡，向他询问自己怎么会总输。

帕斯卡对可能性的研究很着迷，很快，其他著名的数学家也参与了进去。你知道的，帕斯卡是因为他的三角形而成为数学明星的。

在骑士开始长期输钱之前，他玩了一个简单的掷骰子游戏，赢了很多钱。游戏是这样的：

如果我们在场，又学过“经典数学”，不难看出他是在作弊（和他玩牌的人一定没有数学头脑）。但是这个赢的机会并不像你想象的那么容易……

掷1次得到6点的机会是多少？当然是$\frac{1}{6}$了。

掷4次至少得到一个6点的机会是多少？你可能会想，应该是$\frac{1}{6}+\frac{1}{6}+\frac{1}{6}+\frac{1}{6}$，得到$\frac{4}{6}$或$\frac{2}{3}$。也就是说，每掷3次，骑士就可以赢两次。

是的，他确实不会那样赢的。用加法来计算赢的机会，在骰子游戏中是错误的。

假设一下掷6次骰子获得6的机会，你就清楚了。你把所有的机会加起来，$\frac{1}{6}+\frac{1}{6}+\frac{1}{6}+\frac{1}{6}+\frac{1}{6}+\frac{1}{6}=1$。如果你掷6次骰子，你有百分之百的机会获得一个6。当然这并不正确。你将一个骰子掷6次，你有可能得到的结果是没有一个6，也有可能得到不止一个

6。骰子可没有记忆啊！每一掷的结果和之前发生的结果都是独立的。

我们再和玩6张纸牌比较一下。我们把1、2、3、4、5、6洗好了，你一次抽出一张，最终你一定会抽到一张6。抽出所有的牌，你只能抽到一张6，只有一次，不多不少。抽取纸牌的结果是相互排斥的，这是个好消息，因为：

如果结果是相互排斥的，你就可以将可能性加起来。

如果骑士玩的是从6张纸牌中抽4张，他取胜的机会是$\frac{1}{6}+\frac{1}{6}+\frac{1}{6}+\frac{1}{6}=\frac{2}{3}$。

这个巧妙的想法使这个难以判断的数字变得容易起来，让我们看看是怎么做的。

掷两次

在我们考虑掷4次骰子之前，我们先来看一下掷两次获得一个6的机会。树图又开始有用了：

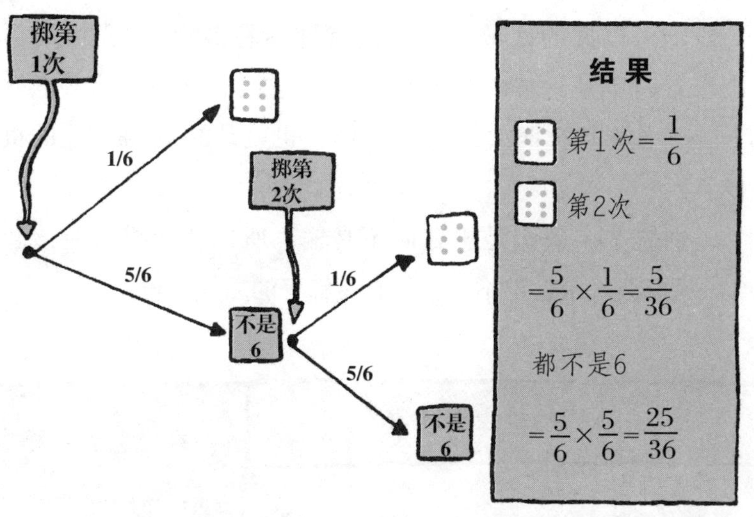

骑士第1次掷的时候，是6的机会是$\frac{1}{6}$，不是6的机会是$\frac{5}{6}$。如果不是6，他再掷1次，机会也一样。我们用树图来看一下：

- 第1次掷就是6的机会：$\frac{1}{6}$。
- 第1次不是6，但第2次是6的机会：$\frac{5}{6}\times\frac{1}{6}=\frac{5}{36}$。
- 两次掷都不是6的机会：$\frac{5}{6}\times\frac{5}{6}=\frac{25}{36}$。

这个游戏只有3个可能的结果。当你有了所有的结果，它们是相互排斥的，相加起来一定是1。如果你知道怎么算分数的话，你会发现$\frac{1}{6}+\frac{5}{36}+\frac{25}{36}=1$，说明树图在起作用。

那么，骑士在第1掷或第2掷得到6的机会有多大？我们把两个机会加起来得到$\frac{1}{6}+\frac{5}{36}=\frac{11}{36}$。答案正确，但是好像没什么意思。

更简单的方法是看看两掷都不是6的机会，树图告诉我们是$\frac{5}{6}\times\frac{5}{6}=\frac{25}{36}$。因为赢的机会和输的机会相加为1，我们可以说赢的机会是$1-\frac{25}{36}=\frac{11}{36}$。

我们这样也能得出结果，简单多了。

你可以用常识检查这些结果。

骑士可以掷的次数越多，他就越容易得到6。我们用百分数来看看是不是这样。如果他掷一次，他的机会是$\frac{1}{6}$，也就是16.67%。如果他掷两次，机会是$\frac{11}{36}$，也就是30.56%，他的机会好多了。

（别忘了，骑士是想赢而不是输，所以他的机会应该超过50%。只掷两次永远也不会让他有足够好的赢钱的机会。）

还有一个方法可以得到这个答案。我们假设一次掷两个骰子，而不是一个骰子掷两次（答案是一样的）。让我们的艺术家瑞伏先生画出所有不同的结果：

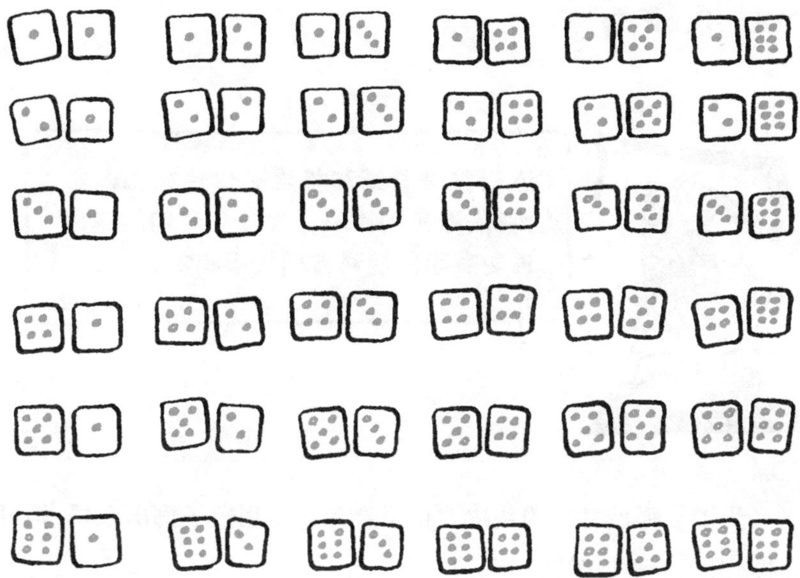

你可以看到一共有36个结果，其中25个没有“6”，所以肯定输了，而有11个至少有一个“6”，这显示出赢的机会是$\frac{11}{36}$，和我们算的一样。

头皮收藏者

为了获得俄甘姆的头皮，格里赛尔达要用骰子掷出个1，她可以掷3次。下面是树图：

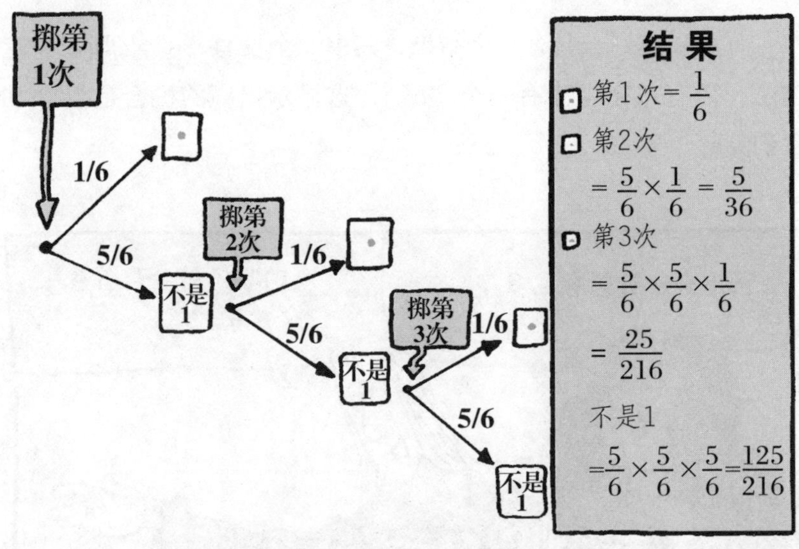

现在，你可以把第1次掷、第2次掷和第3次掷的机会加起来，算算$\frac{1}{6}+\frac{5}{36}+\frac{25}{216}$得多少。有没有简单一点的方法？

树图显示，3次都不是1的机会是$\frac{5}{6}\times\frac{5}{6}\times\frac{5}{6}=\frac{125}{216}$，所以在3次

中得1的机会是$1-\frac{125}{216}=\frac{216}{216}-\frac{125}{216}=\frac{91}{216}$。

还有更简单的方法，我们让瑞伏先生画出来，看看这是个多烦的工作。

很明显，他今天觉得自己非常不可一世。他正想给死去的名人画一些时尚画呢！说实话，艺术家应该是什么样的呢？给他们一支铅笔和一把椅子，他们就觉得自己是鲁本斯了。打印机就好得多了，至少不会随便发脾气、扔东西，所以我们用打印机打出所有的216种组合。

1,1,1 2,1,1 3,1,1 4,1,1 5,1,1 6,1,1 1,2,1 2,2,1 3,2,1 4,2,1 5,2,1 6,2,1
1,3,1 2,3,1 3,3,1 4,3,1 5,3,1 6,3,1 1,4,1 2,4,1 3,4,1 4,4,1 5,4,1 6,4,1
1,5,1 2,5,1 3,5,1 4,5,1 5,5,1 6,5,1 1,6,1 2,6,1 3,6,1 4,6,1 5,6,1 6,6,1
1,1,2 2,1,2 3,1,2 4,1,2 5,1,2 6,1,2 1,2,2 2,2,2 3,2,2 4,2,2 5,2,2 6,2,2
1,3,2 2,3,2 3,3,2 4,3,2 5,3,2 6,3,2 1,4,2 2,4,2 3,4,2 4,4,2 5,4,2 6,4,2
1,5,2 2,5,2 3,5,2 4,5,2 5,5,2 6,5,2 1,6,2 2,6,2 3,6,2 4,6,2 5,6,2 6,6,2
1,1,3 2,1,3 3,1,3 4,1,3 5,1,3 6,1,3 1,2,3 2,2,3 3,2,3 4,2,3 5,2,3 6,2,3
1,3,3 2,3,3 3,3,3 4,3,3 5,3,3 6,3,3 1,4,3 2,4,3 3,4,3 4,4,3 5,4,3 6,4,3
1,5,3 2,5,3 3,5,3 4,5,3 5,5,3 6,5,3 1,6,3 2,6,3 3,6,3 4,6,3 5,6,3 6,6,3
1,1,4 2,1,4 3,1,4 4,1,4 5,1,4 6,1,4 1,2,4 2,2,4 3,2,4 4,2,4 5,2,4 6,2,4
1,3,4 2,3,4 3,3,4 4,3,4 5,3,4 6,3,4 1,4,4 2,4,4 3,4,4 4,4,4 5,4,4 6,4,4
1,5,4 2,5,4 3,5,4 4,5,4 5,5,4 6,5,4 1,6,4 2,6,4 3,6,4 4,6,4 5,6,4 6,6,4
1,1,5 2,1,5 3,1,5 4,1,5 5,1,5 6,1,5 1,2,5 2,2,5 3,2,5 4,2,5 5,2,5 6,2,5
1,3,5 2,3,5 3,3,5 4,3,5 5,3,5 6,3,5 1,4,5 2,4,5 3,4,5 4,4,5 5,4,5 6,4,5
1,5,5 2,5,5 3,5,5 4,5,5 5,5,5 6,5,5 1,6,5 2,6,5 3,6,5 4,6,5 5,6,5 6,6,5
1,1,6 2,1,6 3,1,6 4,1,6 5,1,6 6,1,6 1,2,6 2,2,6 3,2,6 4,2,6 5,2,6 6,2,6
1,3,6 2,3,6 3,3,6 4,3,6 5,3,6 6,3,6 1,4,6 2,4,6 3,4,6 4,4,6 5,4,6 6,4,6
1,5,6 2,5,6 3,5,6 4,5,6 5,5,6 6,5,6 1,6,6 2,6,6 3,6,6 4,6,6 5,6,6 6,6,6

你把所有的数字看一看，数出带“1”的组合，就能知道格里赛尔达获胜的机会（别停下，继续数！你明白你必须这样做）。你应该发现数字是对的，中间有91个。当然，你知道数学要快得多。

当你碰到$\frac{91}{216}$和$\frac{125}{216}$这样的数字时，把它们变成百分数会更清楚些，看看结果是：

▶ 格里赛尔达只有42.13%的机会获得俄甘姆的头皮。

▶ 俄甘姆有57.87%的机会获得格里赛尔达的头皮，当然好多了！

骑士掷4次骰子

既然数学能够起作用，我们可以算出在4次掷骰子中没有“6”的机会是$\frac{5}{6}\times\frac{5}{6}\times\frac{5}{6}\times\frac{5}{6}=\frac{625}{1296}$，也就是48.23%。

所以他赢的机会是100%−48.23% = 51.77%。虽然他赢的机会只比输的机会多一点点，但也足够他在许多年里赢很多的钱。

骑士在骰子游戏中输了双倍

虽然骑士赢的机会在100次里面只有52次，但是他玩得太多了，人们慢慢开始厌倦，何况还一直在输钱。于是，骑士决定发明一个新的游戏。

我们来看看骑士是怎么想的。首先，我们要知道掷一次获得两个6的机会是多少。

▶ 第1次掷骰子可以有6种结果，第2次掷也可以有6种结果，所以掷两个骰子一共可以有 $6\times6=36$ 种不同的结果。

▶ 其中，只有一个机会得到两个6，也就是$\frac{1}{36}$。

如果你要检查，可以翻到第103页，那里有两个骰子的36种组合，你会发现其中只有一个是两个6。

如果骑士在一掷中得到两个6的机会是$\frac{1}{36}$，那么，如果他掷24次呢？

错了！骑士认为，如果他掷24次，那么他赢的机会应该是$\frac{1}{36}+\frac{1}{36}+\frac{1}{36}+\cdots$，一共加24次，但是就像他的第一个骰子游戏一样，这是错的。

你要做的是算出他得不到两个6的机会。第1掷的时候是$\frac{35}{36}$，一共有24掷，所以是$\frac{35}{36}\times\frac{35}{36}\times\frac{35}{36}\times\cdots$，一共24次。写成（$\frac{35}{36}$）^{24}更好，或者是$\frac{35^{24}}{36^{24}}$，看你喜欢哪个了。

既然你有了这个数，把它变成百分数：在24掷中得不到两个6的机会是50.86%。

换句话说，玩这个游戏100次，输的机会是51次，赢的机会是49次。

如果他一直玩下去（事实上，他就是这么做的），他一定会和裤子说再见的。

如果他可以多掷一次，也就是一共掷25次，他应该会慢慢地开始赢了（大概地说，在99次游戏中，他可以赢50次，输49次）。

在其他游戏里掷骰子

有许多游戏是掷两个骰子的，所以再回头看看第103页的所有组合是挺有意思的。

开始的时候要注意两个明显的事实：

- 掷出两个相同点数的机会只有一个，例如2-2。
- 掷出相对的组合点数的机会有两个，例如5-3和3-5。

当你掷两个骰子的时候，你将点数加起来看一下总点数是多少。

最小的总点数是2，例如你掷出的是1-1；如果你掷出6-6，就得到最大的总点数12。在所有结果中，有些总点数总是比其他的总点数更容易出现。如果你数一下每副骰子的点数，你会发现掷出每一个总点数的办法：

总点数	机会	组合
2	1	1–1
3	2	1–2，2–1
4	3	1–3，2–2，3–1
5	4	1–4，2–3，3–2，4–1
6	5	1–5，2–4，3–3，4–2，5–1
7	6	1–6，2–5，3–4，4–3，5–2，6–1
8	5	2–6，3–5，4–4，5–3，6–2
9	4	3–6，4–5，5–4，6–3
10	3	4–6，5–5，6–4
11	2	5–6，6–5
12	1	6–6

你可以发现，用两个骰子掷出总点数是7的机会最大，有6个可能。

2和12最不容易发生，因为每种只有一个机会，这个信息对骑士来说很有用。

不难看出骑士为什么会赢。在36个可能的组合中，5的可能是4个，6的可能是5个，7的可能是6个，8的可能是5个，把这些加起来：4+5+6+5＝20，骑士赢的组合是20个。总共有36个组合，他赢的机会是$\frac{20}{36}=55.56\%$。他会是个胜利者。

直接进监狱

人们喜爱棋盘上的大富翁游戏，可以通过它来学习可能性。如果你还不知道这个游戏，那么开始假设你有1500英镑（假设），在棋盘上买了很多的地，然后对每个经过的人收租金。开始的时候气氛还比较友好，可是3个小时之后就变得不太对劲儿了。有人在大叫，有人在哭，有人在屋里扔东西，还有人抢对方的牌，或者从银行里偷东西，而在一顶小帽子上，猫想大笑但是被噎住了。真是够乱的。

各式各样的人花很长时间在计算机上算大富翁游戏里第2个最常经过的地方是哪里。为了与游戏相一致，还导致了许多有趣的学术讨论……

他们对最经常经过的地方，意见倒是一致的，那就是“监狱”。有好几种方法可以到监狱里去，不过我们对于其中的一种方法有着特殊的兴趣。在玩大富翁的时候，你会掷两个骰子，如果两个骰子的点数一样，你就可以再掷一次。如果你连续3次都掷出了两个相同的点，那你就要被捕了。那么，连续3次掷出两个相同点数的机会有多大呢？

把两个骰子掷一次，一共有36种点数的组合，其中有6个组合两个点是一样的，所以获得两个相同点的机会是$\frac{6}{36}=\frac{1}{6}$。下面的树图说明了掷3次的情况：

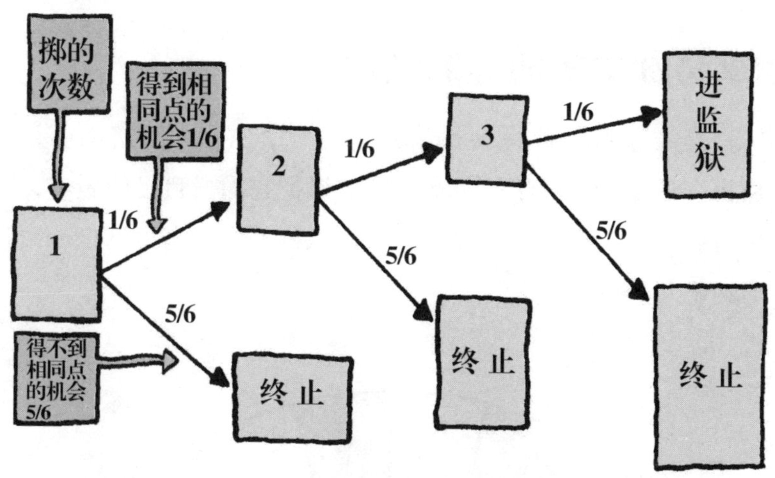

你沿着图表走到“进监狱”项，这个结果的机会是$\frac{1}{6}\times\frac{1}{6}\times\frac{1}{6}=\frac{1}{216}$。这说明在玩大富翁游戏中，每216个回合，才有一次机会连续掷出3次两个相同的点，让你落在监狱里。

如果你进了监狱，你还可以掷3次骰子，只要有一次出现了两个相同的点，你就可以出来了，否则你要交50英镑的罚款（或者用出狱卡）。如果你可以掷3次，掷出两个相同点的机会有多大？

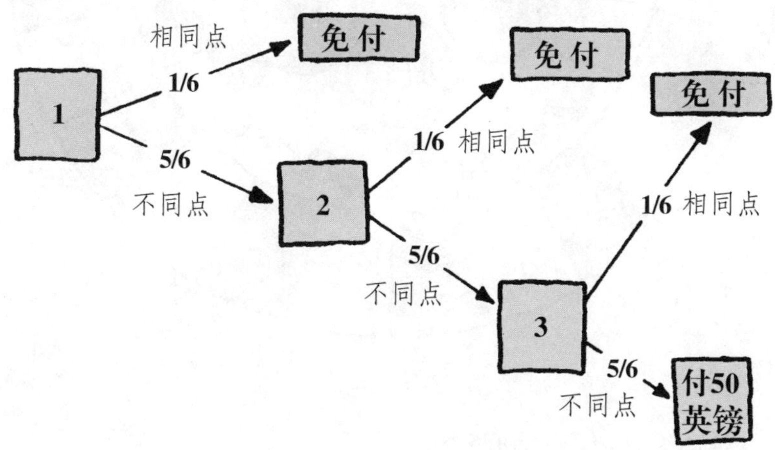

在树图上算出需要付罚款的机会会变得更直截了当，这样的机会是$\frac{5}{6}\times\frac{5}{6}\times\frac{5}{6}=\frac{125}{216}$，所以掷出两个相同的点的机会是$\frac{91}{216}$。

布莱特和李尔的邪恶圆盘

这是布莱特·沙夫勒和瑞弗波特·李尔在太阳落山后，在最后机会沙龙玩的可怕的游戏。你可以把它做成自己的版本，而且你对骰子知道得越多，你就会玩得越好。你先来做这么一个板（当然要大一些）。

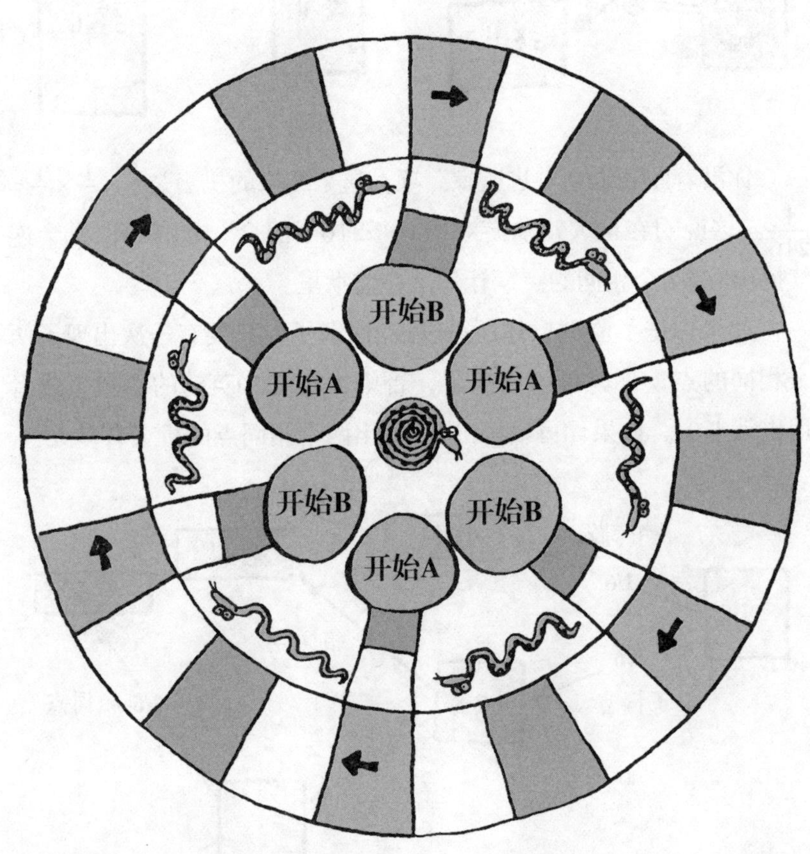

你还需要3个筹码和两个骰子。

▶ 将筹码放在开始的圆圈里，两个玩的人轮流掷骰子。

▶ 掷完了骰子，一个人选择他要移动哪个筹码（如果他只剩下一个，他就没有选择了，只能移动这个）。筹码一定要按照骰子上的点数之和移动，而且要向同一个方向移动。如果一个筹码被移动到大圆上，它就只能绕着圆走，直到被吃掉或者游戏结束。

你在玩的时候会发现，这个游戏有许多技巧。开始的时候这里有个提示：

当你熟悉掷骰子的机会以后，你会发现在玩鲁多或是大富翁游戏的时候，你有很大的优势。对不起，还有双陆棋。

难以置信的生日

忽然，你被困在一个小岛上，整整一年都没有机会获救。

运气差极了！你周围只有长长的海滩、碧蓝的海水、免费的迪斯科和卡丁车，没有限制的录像节目、汉堡树、咖喱灌木和30个你最好的朋友。

唯一能够使你开心的就是尽量多地开舞会。你的30个朋友说，他们每个人都要在自己生日当天举办舞会。

听起来真棒，可是你又不得不想——如果他们的生日是同一天该怎么办？不过一年有365天，看起来舞会撞车的机会不大，是不是？

但是结果可能和看上去的不一样，真可怕！让我们先算一下所有人的生日都不在一天的机会是多少，这样可能会容易一点儿。设想一下你的朋友们都站成一排：

▶ 你的第1个朋友的生日可以是365天中的任何一天，这个机会是$\frac{365}{365}=1$。

我们可以百分之百确定，他不会和任何人是同一天生日，因为还没有发现这个人。

▶ 你的第2个朋友和第1个朋友的生日是同一天的机会有多少？是$\frac{1}{365}$，不是同一天生日的机会是$\frac{364}{365}$。

▶ 如果你前两个朋友的生日不同，那么第3个朋友和其中一个生日相同的机会是多少？是$\frac{2}{365}$，生日不同的机会是$\frac{363}{365}$。

用计算骰子的相同方法，我们可以算出你前3个朋友的生日不同的机会。

看看下面的树图。

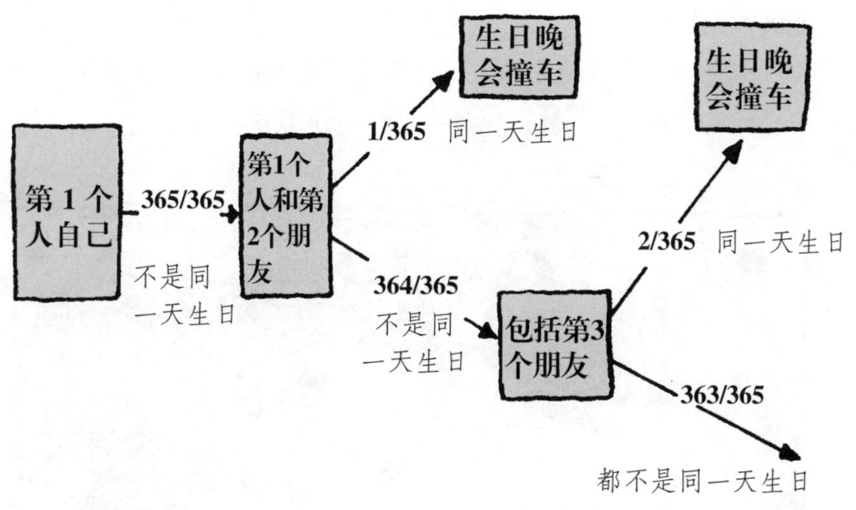

接着，我们将不是相同生日的机会乘起来，$\frac{365}{365}\times\frac{364}{365}\times\frac{363}{365}$，结果是99.18%，也就是说，这3个人的生日极有可能是不同的。

我们再看你的第4个朋友：

▶ 除了前3个朋友的生日，第4个朋友如果想生日不同，就只能有362天了，所以机会是$\frac{362}{365}$。

▶ 第5个朋友的生日不同的机会是$\frac{361}{365}$。

你现在知道这个公式了。开始的时候是$\frac{365}{365}\times\frac{364}{365}\times\frac{363}{365}\times\frac{362}{365}\times\cdots$

末尾是$\cdots\times\frac{338}{365}\times\frac{337}{365}\times\frac{336}{365}$

如果你想取巧，你可以写成$\frac{365!}{(365)^{30}\times335!}$。

现在你可能会高兴得直流口水，你想起组合数可以上下消掉。对不起让你失望了，在这里并不怎么管用。你需要使劲敲敲计算器，最后的结果是0.29368，也就是29.37%。因此，30个人生日不同的可能性小于30%，而有70%的可能他们至少有两个人生日是同一天！

真悲惨，在你的小岛上，你不大可能参加每个人的生日舞会了，除非你是个舞会狂，愿意一天参加好几个。

如果你有一大张纸和一个计算器，你可以算出更少或更多的人的情况。

在一群人中，两个人生日相同的机会是：

人数	**至少两个人生日相同的机会（大致）**
5	2.71%
10	11.7%
15	25%
20	41%
23	51%
25	57%
30	71%
35	81%

如果一组有23个人，情况会变得很有趣，因为这是两个人生日相同的机会比不相同的机会刚好多一点儿的最小的人数。如果是100个人，每个人生日不相同的机会只有$\frac{1}{3000000}$！

诡异的纸牌

一般的扑克牌有52张，平均分为4个花色，也就是黑桃、红桃、梅花和方块，每种花色各13张（包装盒里也许会有一张或两张王，通常很少被用到）。

玩纸牌游戏在全世界都非常流行，每时每刻都有数以百万计的人在玩。很多游戏像惠斯特或桥牌是由4个人围坐在桌旁玩的，洗好牌，每人拿到13张牌。最有趣的是，一年里有一次或两次报纸上总会刊登这样的消息：

一个人拿到13张黑桃的机会到底有多大？有许多方法可以算出来，但是最直接的方法是设想一下一次发给你一张牌的情况怎样（机会和正常发给你13张牌一样）。

▶ 在整副52张牌中间有13张黑桃，所以你第1张牌是黑桃的机会是$\frac{13}{52}$。

▶ 现在还剩下51张牌，因为你已经拿到1张，所以只有12张黑桃了。第2张牌是黑桃的机会是$\frac{12}{51}$。

▶ 还有50张牌，11张是黑桃，所以第3张是黑桃的机会是$\frac{11}{50}$（到目前为止，你前3张牌是黑桃的机会是$\frac{13}{52}\times\frac{12}{51}\times\frac{11}{50}=1.29\%$，所以已经很不可能了）。

▶ 第4张牌是黑桃的机会是$\frac{10}{49}$，第5张是$\frac{9}{48}$……

▶ 最后，第13张牌是黑桃的机会是$\frac{1}{40}$（就算你的前12张都是黑桃，你最后的一次机会也只有可怜的$\frac{1}{40}$）。

因此，你所有牌都是黑桃的机会是：

$$\frac{13\times12\times11\times10\times9\times8\times7\times6\times5\times4\times3\times2\times1}{52\times51\times50\times49\times48\times47\times46\times45\times44\times43\times42\times41\times40}$$

$$\text{写成}\frac{13!\times39!}{52!}=\frac{1}{635013559600}$$

所以拿到13张黑桃的可能性真是微乎其微，但如果是按照下面的方法，可能性就大多了：

在你和这类人玩的时候，确实是事实。当你不得不去厨房找点儿吃的的时候，他们会在牌上捣鬼，你拿到13张黑桃的机会是98%。

再或者，你回来的时候会坐在一个放屁坐垫上。

如果你喜欢用组合……

另一个算出拿到13张黑桃的机会的方法是组合。一副牌里有52张牌，其中13张的组合是多少？你可以回头看看第87页，我们来把组合的数量写成$C_{52}^{13}=\frac{52!}{13!\times 39!}$，结果是635013559600，奇怪吧！因为只有一个组合是13张黑桃，所以机会是$\frac{1}{635013559600}$，和我们上面算的一样。

其他花色的机会

如果你不特别要求是13张黑桃，其他的牌只要全是一个花色就行，在所有组合中有4个这种情况，那么你的机会是$\frac{4}{635013559600}$（也就是$\frac{1}{158753389900}$）。

所有13张黑桃按照正确的顺序

你第1张拿到A的机会是多大？是$\frac{1}{52}$。第2张拿到2的机会是$\frac{1}{51}$，第3张是$\frac{1}{50}$，以此类推，第13张是$\frac{1}{40}$。

整个机会可以写成分式，或者是$\frac{39!}{52!}$。如果你想用计算器算出个究竟，结果是$\frac{1}{3954242643911239680000}$。

4个玩牌的人每人都拿到一个完整的花色

如果你对这些愚蠢的小数字感到厌倦，那我们就来点儿大的。假设牌已经洗好了，第1个人一次拿了13张牌。

▶ 第1个人拿到同一个花色的机会是多少？我们已经知道了，是$\frac{1}{158753389900}$。

▶ 我们来算算第2个人拿到同一个花色的机会。第1张牌只能从剩下的39张里面选。

第2张是同花色，就要从剩下的38张中的12张里选，机会是$\frac{12}{38}$，之后只能从剩下的37张中的11张里选，以此类推。

第2个人拿到同一个花色的机会是：

$$3\times\frac{13\times12\times11\times10\times9\times8\times7\times6\times5\times4\times3\times2\times1}{39\times38\times37\times36\times35\times34\times33\times32\times31\times30\times29\times28\times27}$$

或者写成$\frac{12!\times26!}{38!}$，结果是$\frac{1}{2707475148}$。

▶ 第3个人开始拿牌。第1张要从剩下的26张中拿，第2张要从剩下的25张中的12张中拿，之后是$\frac{11}{24}$，$\frac{10}{23}$……这样我们可以得出第3个人的机会：

$$2\times\frac{13\times12\times11\times10\times9\times8\times7\times6\times5\times4\times3\times2\times1}{26\times25\times24\times23\times22\times21\times20\times19\times18\times17\times16\times15\times14}$$

或者写成$\frac{12!\times13!}{25!}$，结果是$\frac{1}{5200300}$。

▶ 该第4个人了。只剩下13张牌了，其他花色也没有了。

那么拿到13张同花色牌的机会是多大？当然是1了。啊！谢天谢地！

我们把4种机会乘起来，就得出4个人各拿到13张同花色牌的机会，结果是：

$$\frac{1}{158753389900}\times\frac{1}{2707475148}\times\frac{1}{5200300}\times\frac{1}{1}$$

得出在2235197406895366368301560000中，只有一次机会。

把你自己绑好了，我们来看本书中最大的数字：

每个人要同一个花色，而且牌要按顺序一张一张地来。在所有的排列中，只有一种情况合适。

那么有多少种排列呢？很简单，是52！。

这样的机会就是$\frac{1}{52!}$。算出来等于多少呢？结果约是分母为8后面有67个零。

不要费劲去想这个数有多大，你的脑子会被融化的。给你个大概的概念：

▶ 设想全世界的人每4人一组，坐在牌桌旁。

▶ 每一组每一秒钟发完一副牌。

为了使一组中的4个人拿到同一个花色，而且是按照顺序拿到的，这可能要花上2000000000000000000000000000000000000000000000000000000年。

你知道这有多长吗？地球到现在只有4500000000年，而恐龙是在65000000年前灭绝的。

如何创造你自己的纪录

1. 拿一副牌。
2. 洗好了。
3. 浏览一下你的牌，看看它们最后的顺序。
4. 对你自己说……

满意了吧！

雅波罗的保险

雅波罗爵士曾经是一个著名的牌手，他知道如果一个人抓了13张小牌会多么恼怒。因此他给玩牌的人设计了一种保险，每个人给他1英镑，如果有一个人手里的牌没有大于9的，他赔给这个人1000英镑。

他的朋友经常接受这个保险，为了好玩而已——雅波罗爵士会赢还是会输呢？

我们来算一下。如果你手里有一张A，K，Q，J或者是10，你都不会有1000英镑，也就是说，你不能有这20张牌。

拿第1张牌的时候，拿到9或比9小的机会是$\frac{32}{52}$。第2张牌是$\frac{31}{51}$，第3张牌是$\frac{30}{50}$……第13张牌的机会是$\frac{20}{40}$。所有机会算下来是$\frac{32!\times 39!}{19!\times 52!}\approx\frac{1}{1828}$。

换句话说，他每支出1000英镑，会收到1828英镑，这敢情好！

（别忘了，我们计算的是应该发生的结果。如果雅波罗爵士运气实在太坏，他很有可能输的比赢的多！）

流星相撞和猴子

有些事情不太容易发生，所以你认为是不可能的。

我们来看看下面：

▶ 早饭的时候，你把麦片的包装打开后弄翻了。麦片撒落一地，恰好拼出了你的名字。

▶ 全国的人忽然想到你的花园来玩一天，交通拥挤，每个方向堵车都有160公里。街道挤满了人，而且是一层一层地站着。街道下面的管道破裂了，因为所有的人同时在使用厕所。

▶ 一颗巨大的流星向地球飞来，目标就是你家的门前。我们熟悉的生活要结束了。

不太容易发生？是的。但是，是不是就是不可能呢？不是。即使有一颗流星向你飞过来，也不要紧张。

另外一颗流星可能正从相反的方向飞过来，会及时地把这颗流星撞开去。

再举个例子，全中国的人恰好同时抬起头来，在同一个时间打喷嚏，把地球吹离了轨道。这不是不可能的。

当未必会发生的事情真的发生了

你遭到电击的机会有多大？人们总乐于想这类问题，基本上可以同意的结果是 $\frac{1}{600000}$ 。就你个人而言，你被击中的机会太小了。

但是，如果你有一份600000人的名单，其中一个人会被电击中，这个人可能会觉得真不公平。可惜，可能性的规律就是这样的，谁也逃脱不了。

几年前，一个人向英国彩票委员会抱怨，他买了超过800张彩票，但是从来没有中过一次。委员会说，每54张中就应该有1张中奖，但是这个人说，所有这些都是谎话，他要把自己的钱要回来。那么，他什么都中不了的机会是多少呢？（这个问题我们在讨论骑士掷骰子的时候说过，我们说他得不到6的机会是多少？）

他第1张彩票中不了的机会是$\frac{53}{54}$，第2张是$\frac{53}{54}$，以此类推到800张，我们乘上800次，写成（$\frac{53}{54}$）^{800}。

我们的结果显示，800张彩票什么都中不了的机会约是$\frac{1}{3000000}$。这是很小的可能性。

你可以想想，有成千上万的人买彩票，有可能某些人就是不成功，而这个人偏偏就是他。他真的是不走运，但他也应该意识到彩票到底是什么，就是运气。

猴子和打字机

这里有个很古老的关于可能性的理论：给100000只猴子每只一台打字机，然后把它们关起来。

让它们随便地敲，你100万年之后再回来，有可能它们中间的一个写出了完整的莎士比亚的剧作——《哈姆雷特》。

这个理论初听起来还挺有趣，实际上是糟透了。每位读者都能想象，你把100000只猴子关在一间屋子里，你100万年之后再回来——想想那个味道吧！当猴子发现它们不能把打字机当作食物吃，它们会死掉，腐烂，浑身爬满了蛆。

就算猴子都活下来了，一直在打字，谁来在几千亿张的纸片里面查找？你能想象这是什么样的工作吗？

沙！沙！沙！

沙！

沙！

沙！

嘿！都来看呀！我找到了！

终于找到了！

万岁！

是，还是不是？

哎哟！

应该不错！

这是一张调查表。

啊，不！

我们再仔细找！

沙！

沙！

我们不用这100000只真猴子，而用数学来检验这个理论。我们先把打字机简化，让它只有26个字母和10个数字，然后我们找来一只叫奥斯瓦尔德的猴子。我们假设奥斯瓦尔德每秒钟敲一个字母或一个数字。10秒钟之后，我们可能会看到：

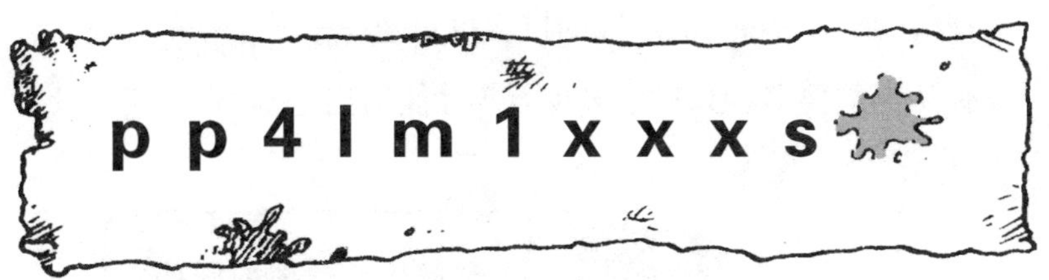

奥斯瓦尔德开始写本书的机会是多少？我们不用去计较大小写、标点和空格，它的前14个字母应该是：

因为打字机上有36个字母和数字的键，所以它打第1个字母“d”的机会是$\frac{1}{36}$，第2个字母“o”的机会是$\frac{1}{36}$，以此类推。

这样，它在第一个14秒打出“doyoufeellucky”的机会是$\frac{1}{36}$乘14次，结果大约是$\frac{1}{6000000000000000000000}$。

假设我们让奥斯瓦尔德再做个尝试。我们知道它打出来“doyoufeellucky”的机会是$\frac{1}{36^{14}}$，如果每个尝试花14秒，所有这些尝试要花多少时间？按照秒计算，是14×36^{14}秒，也就是约84000000000000000000000秒。我们来把这些秒算成年：

一年里有多少秒，可以用60秒/分钟×60分钟/小时×24小时/天×365天，得到$60\times60\times24\times365=31536000$。为了简单起见，我们算作30000000秒。

这样算起来，奥斯瓦尔德要连续打字2800000000000000年。

可怜的奥斯瓦尔德，我们能做的就是多找些猴子来帮助它。可就算我们找了100000只猴子，给它们一年的时间，它们其中一个打出“doyoufeel lucky”的机会也只是$\frac{1}{28000000000}$。

你认为需要多少只猴子多少万年才能写出这本书？

用鸡尾酒搅拌棍制作π

下面是个邪恶的计算，带点儿运气我们可以做得很简单。

- 找一个很圆的东西，比如说一个杯子或一个硬币。
- 量一量外面的尺寸（最好用绳子绕着量，然后再用尺子量这段绳子），这叫作圆的周长。

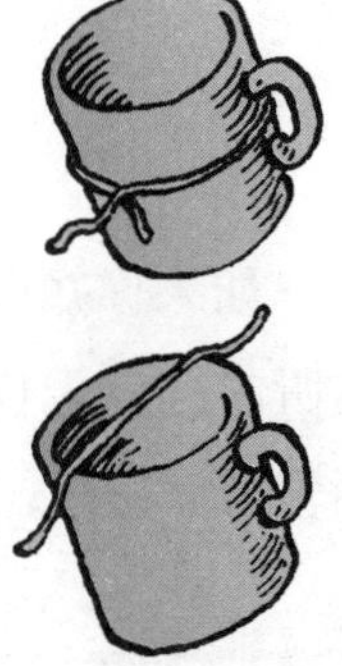

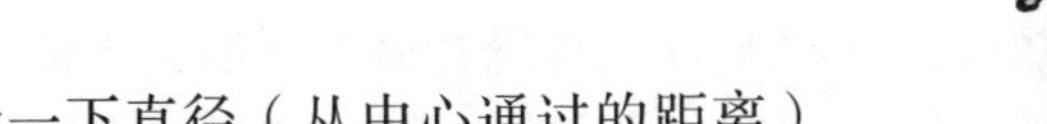

- 量一下直径（从中心通过的距离）。
- 用圆的周长除以直径。
- 这与你用的圆的大小没有关系（可以是圆垃圾桶，或者是小小的硬币），你的答案应该超过3。
- 如果你做得精确一点，答案应该是$3\frac{1}{7}$。
- 如果你做得更精确一点，答案会是3.1416。
- 如果你已经做得精确到了不可能的地步，答案应该是3.14159265…

你做得越精确，小数点后面的数就越多，当然你能达到的精确程度是有限度的。如果你真的想做，你可以测量地球的周长，然后钻一个洞从地球的中间通过，测量一下直径。如果你将精度调到毫米的千分之一的话，你会得到这么一个结果：3.141592653589793…，但是这样还不是完全的对！

确切的结果不能够写下来，所以它有个特殊的符号“π”。这是一个古老的希腊字母，念作“派”。几千年以来，数学家们一直在努力计算确切的π的值。他们发现了许多奇异的方法，下面就是一些他们使用过的公式：

$$\pi=3\times\left(1+\frac{1^2}{4\times6}+\frac{1^2\times3^2}{4\times6\times8\times10}+\frac{1^2\times3^2\times5^2}{4\times6\times8\times10\times12\times14}+\cdots\right)$$

$$\frac{\pi}{2}=\frac{2\times2\times4\times4\times6\times6\times8\times8\times10\times\cdots}{1\times3\times3\times5\times5\times7\times7\times9\times9\times\cdots}$$

$$\text{或}\frac{\pi}{4}=\arctan\left(\frac{1}{2}\right)+\arctan\left(\frac{1}{3}\right)$$

如果你知道arctan★是什么意思，最下面的公式倒是很方便。这听起来就像你叔叔西德尼工棚里锈掉的东西一样，加点儿油，用软布擦一擦，也许还有些剩下的计算公式。

★反三角函数符号。——译者

运气和它有什么关系

看起来非常奇怪，有些时候非常难的问题可以用可能性法则解决。当纯粹的数学家计算几百万位数的巨大数字的时候，用包括掷骰子之类的方法就可以解决问题。

用可能性计算可能会比较复杂，但是计算π值的时候有一个非常简单的方法，我们都能明白。

传统的方法是选择一块你能看见一条一条的板块的地面，重要的是地板间的缝隙应该非常小，而且它们之间的距离应该是相等的。

你还需要一根细棍（鸡尾酒的搅拌棍就可以），其长度恰好和地板的宽度一样。

如果你没有地板（或者地板上盖满了杂志、旧袜子、比萨饼盒子、霉土、湿的薯片、剪下来的草和裤子，弄得你根本看不见它），你还可以找一张大纸，画一些距离相等的线，不必像地板那么宽，5厘米就够了。

再找一根5厘米长的鸡尾酒的搅拌棍或火柴，就可以开始了。

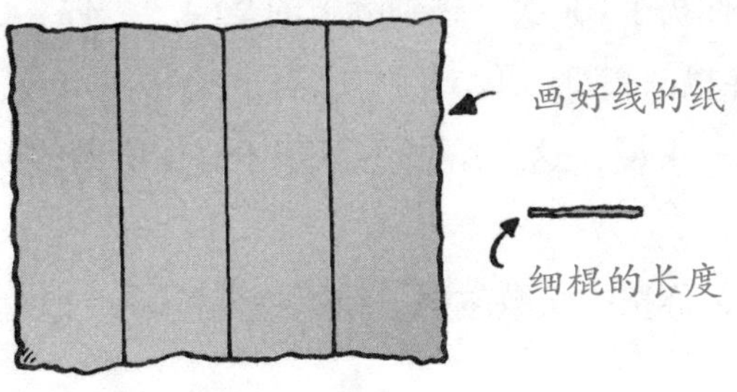

现在这样做：

▶ 把细棍举起来，头朝下。扔下去！捡起来，再扔下去！捡起来，再扔下去！不断重复。

▶ 数数你扔了多少次。

▶ 数数多少次细棍碰到了缝隙（如果细棍的一端压在缝隙上面，也算数）。

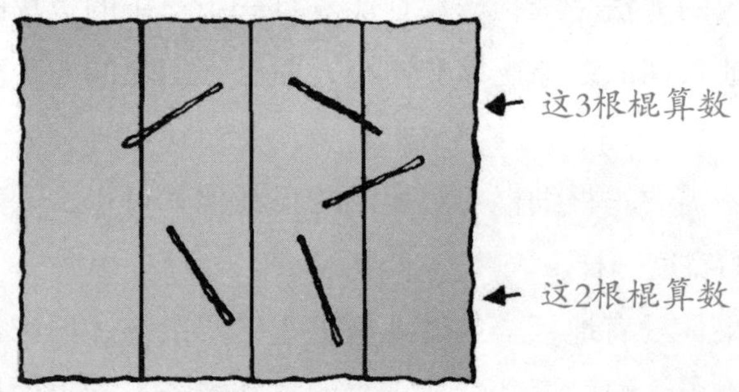

▶ 你扔细棍许多次（比如说100次）之后，再开始计算。

▶ 把你扔的次数乘2。

▶ 除以细棍碰到缝隙的次数。

▶ 结果应该是π。

假设你扔了100次，碰到缝隙的是64次。你算出的是2×100＝200，再除以64等于3.125。

对于π来说，这个结果还不算坏，你所做的就是向地板上扔一根细棍。

当然，你扔的次数越多，结果会越精确。

这是为什么

以上的计算是用两种方法来看棍子碰到缝隙的可能性。

▶ 第1种是实验的方法。我们实际扔棍子，数实际的结果，发现100次中，有64次碰了缝隙。我们的实验结果是，碰到缝隙的机会是$\frac{64}{100}$。

▶ 第2种方法是数学的方法，按照这个思路：棍子落下来碰到缝隙的机会，取决于棍子中心落在什么地方，以及向哪个方向落。

棍子是可以转的，你可以看到转的痕迹是圆。

虽然过程很繁琐，但是数学的最终结果告诉我们，棍子落到缝隙上的机会是$\frac{2}{\pi}$。

这两个结果说的基本是同一件事，即棍子落到缝隙上的可能性，它们应当大致是相等的：

$$\frac{2}{\pi}=\frac{64}{100}$$

如果你熟悉等式，你知道把左右两边同时颠倒一下依然是相等的，$\frac{\pi}{2}=\frac{100}{64}$，而两边再乘2，就得到：

$$\pi=\frac{2\times 100}{64}=\frac{200}{64}=3.125$$

你可以相信这个办法吗

不可以！这会使实验变得很有趣。如果你只扔10次，如果幸运的话，你可以得到一个大致的π值。

如果你扔100次，你有可能得到一个更准确的π。如果你扔1000次，你几乎肯定可以得到一个好的π值——但是，不能保证。

你可能扔100万次，也没有落在缝隙上，没有理由说这不可能发生。

如果这样的事真的发生了，一定向窗外看看。这样的一天，小行星一定是要撞上地球的，值得一看。

快看！小行星要撞上了！
那有什么？棍子又没落在缝上面！

蝮蛇的加法

你能不能想象，当你穿过一个布满致命毒蛇的池塘的时候，而你不得不去数它们到底有多少条？你现在就要数一数，但是，如果你不用一条一条地数不是更好吗？

信不信由你，有点运气再加上几个数，你是可以得到一个近似的答案的。这个方法叫作抽样，就像下面这样：

你为什么要给这些蝮蛇抹口红？
这是我爷爷告诉我的一个古老的办法……
我觉得漂亮了！
我全变样了！
你们去把你们的朋友带来！
你爷爷也用口红？
她给了我们一个新外套！
蛇疯狂地扭动了一阵之后……
布莱特，你现在再去抓一些蛇。
这次我抓了16条！

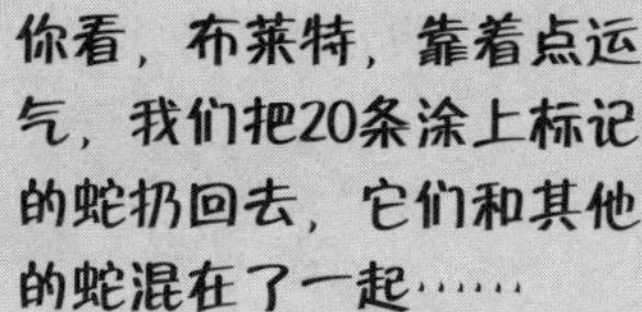
你看，布莱特，靠着点运气，我们把20条涂上标记的蛇扔回去，它们和其他的蛇混在了一起……

现在我们有4条有标记的和12条没有标记的。

所以这个比例是，有一条你做了标记的，就会有3条你没有做标记的。
如果运气好，这对池塘里的蛇每条都适用！

那么，在整个池塘里，如果有20条做了标记的蛇，就应该有20×3=60条没有标记的蛇。
总数是80条。

我们要做的是把它们混合起来，然后再抽出16条。我们来检查一下4条蛇里是不是有一条是做了标记的。
现在不行，这些蛇生气了！
你被蝮蛇咬过吗？
有过一次。我把医生叫来了，不过没用。
后来怎么样？
蛇食物中毒死了！
最后机会沙龙

奇怪的可能性

装袜子的抽屉

在一个晚上，你遇到过这两件事情同时发生吗？

▶ 你忽然收到邀请要去参加一个时尚舞会，并且一定要穿上干净合适的袜子（当然了，还要裤子、衬衫和鞋等）。

▶ 你所有的袜子都很脏，除非你洗了，否则你看不出颜色。

▶ 你在床底下找到20只袜子，看上去一模一样，虽然它们肯定是10双不同颜色的袜子。

如果你挑出两只洗干净，它们恰好是一对的机会有多大？

答案很奇怪，是$\frac{1}{19}$。

你挑出的第1只袜子可以是20只中的任何一只。在剩下的19只中，只有1只与第1只匹配，所以机会是$\frac{1}{19}$。

装蜘蛛的箱子

假如你在宠物店工作，店里装蜘蛛的箱子里有20只蜘蛛，10只是“屠牛钻石”，10只是“黄色寡妇杀手”。弗格斯沃斯老姨进来，要一对匹配的蜘蛛，放在她丈夫的拖鞋里取乐。你刚把手伸进箱子里，停电了。

你要取出多少只才能确保有一对匹配的？

如果走运，前两只就行。

如果不走运，前两只是不一样的，你不得不拿第3只。这个第3只一定会和前两只中的一只匹配，所以答案是你最多拿出3只。

假设老姨想要两只“黄色寡妇杀手”，你要拿出多少才行？

前10只你取出的蜘蛛都有可能是“屠牛钻石”，所以你需要再抓出两只。因此，答案是你可能不得不需要12次，如果你还能活得那么长。

地理测验

真要命，你又出现在地理课上，你拿到的试卷上有15道题，每道题给你4个选择答案。唯一的问题是，在地理课上你总是做其他的事情，比如数你头上的头发，或者是不用手脱掉袜子。

问题1:
Nmbonga岛的人口是多少?
A.871 B.872 C.873 D.874

当然，你什么都不知道，你只好猜。你猜对的可能性是$\frac{1}{4}$。

所有其他的问题都同样烦人，你有多大的可能性把15道题都猜对?

结果是$\frac{1}{4}\times\frac{1}{4}\times\frac{1}{4}\times\cdots$乘上15次，等于$\frac{1}{4^{15}}$，即$\frac{1}{1073741824}$。换句话说，按你这种方式成为地理天才的机会是$\frac{1}{1000000000}$。

可是，如果你能算出这些数，还管它地理是什么！数学更酷，没有数学，谁能第一时间数出Nmbonga岛的人口。

一个骰子和一副牌

你掷一个骰子，然后再抽出一张牌。你掷出一个3或4点，同时又抽出一张红桃的机会有多大?

我们可以从讨论独立的和相互排斥的事情开始，但是你已经有了两件独立的事情发生，恰好有一个短语来说明这件事，叫作可能性区域。

骰子

牌	1	2	3	4	5	6
♠						
♥			A	A		
♣						
♦						

横着的每行被平均分成了6份，代表骰子的6个点。竖着的每列代表一副牌的4个花色。可能性区域的主要原则是每边出现的机会都是相等的。对于骰子来说，每个点出现的机会都是$\frac{1}{6}$，所以是相同的。对于牌来说，每个花色有13张，每种花色出现的机会是$\frac{13}{52}=\frac{1}{4}$，所以它们也是相同的。在这种情况下，可能性区域可以使用。因为瑞弗波特·李尔的牌里面有两张多余的方块A，因此可能性区域不能用。在当时的情况下，不仅仅是方块的出现机会稍微大一点儿，而且在最后机会沙龙里还有很多碎玻璃和飞来飞去的椅子，你路过的时候，一定要低下头。

图中的每一个格子代表了一种可能性，算出这种可能性需要两步：

- 看看有多少个方块符合你要的结果。
- 除以所有方块的数量。

在这个图里，标着A的方块，表示牌是红桃而且骰子是3点或4点，只有两个！我们用它除以所有的方块数$6 \times 4 = 24$，最后结果是$\frac{2}{24}$或$\frac{1}{12}$。

看看你能不能用图算出来，抽出一张黑牌，而掷出3点或更高点的机会？

答案

你可以看到8个有用的方块，所以机会是$\frac{8}{24} = \frac{1}{3}$。

俄甘姆、格里赛尔达、汉贾的交火

下面这个故事很恐怖。

3个野蛮部落的首领凶恶地吵了一架，为的是找出谁母亲做的饭使整条街都变臭了。

结果，唯一的解决方法是来个三方决斗。

他们每个人都带有一门大炮，并且分别站在3座山上。俄甘姆几乎每次都能击中目标，格里赛尔达有一半可能可以击中目标，而汉贾几乎从来就击不中目标。

为了更公平，汉贾先开火，格里赛尔达第二，俄甘姆最后，他们轮流开炮，直到有两个人被杀死。

现在，汉贾准备开炮了，他应该先射谁才能得到最大的生存机会?

假设他先射俄甘姆，格里赛尔达接下来射他的机会是50%。

假设他射格里赛尔达，很可能俄甘姆会来射他。

很可笑吧，汉贾的最好的选择是向天空开炮。

格里赛尔达应该先射俄甘姆，因为他更危险。

如果她没射中，俄甘姆反过来会射她，因为她也是更危险的。

无论是哪种情况，汉贾都会只剩下一个对手，所以他的情况要好一点儿。

现在，你来玩这个游戏。画一张他们3个人的图（或者在桌子上放3个小人儿），然后拿一个骰子。

- 选一个汉贾要瞄准的对象，然后掷骰子。如果是1，汉贾杀死了他的目标。
- 选一个格里赛尔达要瞄准的对象，然后掷骰子。如果是1，2，3，格里赛尔达杀死了她的目标。
- 选一个俄甘姆要瞄准的对象，然后掷骰子。如果是1，2，3，4，5，俄甘姆杀死了他的目标。

一直玩下去，直到只剩下一个野蛮人，然后手舞足蹈、欢蹦乱跳地庆贺一番（就像大富翁游戏最后结束时的情况）。

其他的可能性

人们喜欢计算事情发生的可能性，有的时候结果非常有趣，即便我们不知道这些数字是从哪里来的。

- 你被雷电击中的可能性是$\frac{1}{600000}$。
- 明年，小行星击中地球的可能性是$\frac{1}{1000000}$。
- 你从公共汽车上掉下来的可能性是$\frac{1}{1000000}$。
- 公共汽车落到你下面的可能性是

$$\frac{1}{1000000000000000000}。$$

- 你遇到已故的摇滚明星艾尔维斯·普雷斯利，而且他就在你的自助洗衣店工作的机会是$\frac{1}{10000}$（至少，有些人是这么认为的……）。

闪电从不击中同一物两次

这句古老的谚语的意思是说，如果什么不太可能发生的事情发生了，那么它一定不会在同一个地点或在同一个人身上再发生。这有一点点迷信，它使得士兵在作战时总是躲在被炮弹炸出的弹坑里，因为他们相信同一个地点一定不会被炸第二次。

想象一下你在第20页描述的那个火车站台，两只鸽子准备开火。你可能会想，它们不可能一起向着你来。错了！这类事情发生的机会是$\frac{1}{200}$，更重要的是，它们是独立的。即使第1只鸽子已经溅到你了，第2只鸽子还有可能溅到你，它的机会和第1只一样！运气是坏透了，但并不是不可能。

闪电也是一样。如果你很不幸，被闪电击中过一回，你可不要在雷雨天爬到埃菲尔铁塔上去，觉得坏运气已经光顾过你了，你不会再被击中了。实际上，美国的一个公园管理员罗伊·苏立文被闪电击中过7次，他都奇迹般地活了下来。你能想象这种机会是多少吗？

斑点、旋转指针和银色美元

下面这几个游戏看上去挺公平，不过你玩过之后才能确定它们是否真的像看上去那样公平。我们让宾基演示一下：

3个斑点

你需要3张一样的白色纸牌。在其中一张的两面都画上一个黑点，在另一张的一面画一个黑点（必须保证3个黑点看起来一模一样），剩下一张什么也不画。

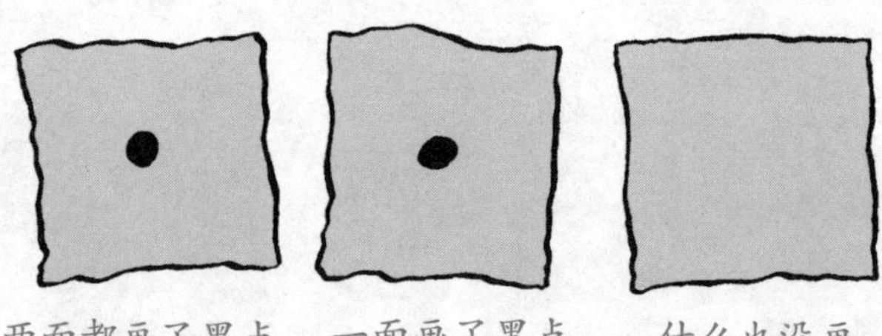

两面都画了黑点　一面画了黑点　什么也没画

游戏这样开始了：

看上去机会相等，不是吗？实际上，只要你总是说纸牌的正面和反面是一样的，3次中你会对两次。

想象一下你正在玩这个游戏，但是不允许看宾基选了哪张牌。3张牌中有两张是有相同的面，上面和下面相同的机会是$\frac{2}{3}$。但是因为宾基可以看到一张牌的一面，他把自己搞糊涂了，认为机会是相同的。值得把这个小把戏搞清楚，即使是为你自己。

偷偷摸摸地旋转指针

我们来看看下面4个指针的图。

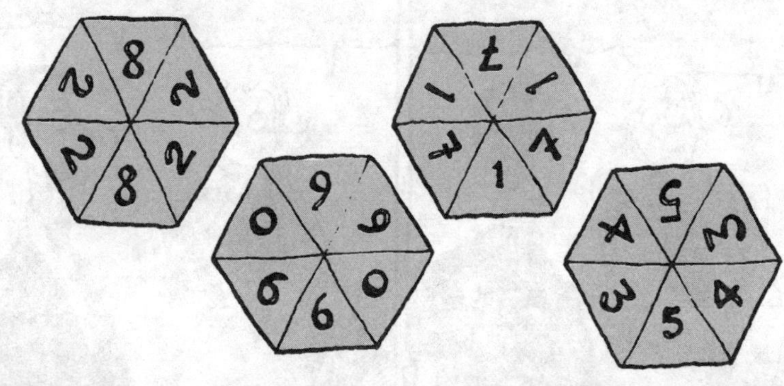

如果把每个指针的数字分别加起来，你会发现它们的结果都是24（如果你想玩这个游戏，在扑克牌上将这些形状剪下来，用一根火柴从中间穿过去）。游戏很简单：

秘密在这里，看看每个指针的最大的数字5，6，7，8。不管宾基选哪个，我们都选紧挨着的那个……

如果宾基选5，我们就选6。

如果宾基选6，我们就选7。

如果宾基选7，我们就选8。

如果宾基选8，我们就选5。

够神奇的吧！我们赢的机会将是宾基的两倍。

3个硬币

最后，我们还赶得上看瑞弗波特·李尔在最后机会沙龙玩一个欺骗的小游戏。

我们已经看过了掷3个硬币，但是要集中精神看这个，因为这非常具有欺骗性！

★见第69页的100万英镑的简单把戏。

尽管李尔说得头头是道，但你能看出为什么机会是不一样的吗？

答案

掷3个硬币有8个可能的结果，就像第60页上的庞戈的茶和咖啡一样。其中，只有两种情况都是正面或都是反面，所以机会是$\frac{2}{8}=\frac{1}{4}$。李尔的狡猾之处在于她提到了第3个硬币，而哪一个应该是第3个硬币呢？

伟大的鲁恩的金蛋

鲁恩喜欢打赌是出了名的，许多有钱的商人愿意来找他，想从他那里赢到钱。有一个商人叫勒弥尔，他来找鲁恩玩一个很简单的游戏。鲁恩让人带来一个天鹅绒做的袋子，里面有10个鸡蛋，9个是普通的，第10个镀了金。每个玩者都不能往袋子里面看，直到其中一个人拿到了金蛋。在游戏前，勒弥尔轻轻地摸了摸袋子，确认里面有10个鸡蛋。

按规定，两个人要轮流从袋子里取鸡蛋，谁先拿到金蛋谁赢。

赌注很大。勒弥尔把他所有的值钱的东西都压上了，包括他的丝绸裤子。鲁恩压上了他钱柜里的所有的钱和他女儿的一只手（他女儿的其他部分已经嫁给了其他人）。作为对他的客人的尊敬，他让勒弥尔先选。

“我给你 $\frac{1}{10}$ 的机会，你可以立即就赢。”鲁恩说。

勒弥尔拿了1个，是普通的鸡蛋。

“我现在的机会是 $\frac{1}{9}$。”但是鲁恩拿出来的和第1个一样，也是个普通的。

“每次的可能性都在增加，多有意思啊！”他说，“该你了，你的机会是 $\frac{1}{8}$。”

第2次，勒弥尔把手伸进口袋，摸出来的还是1个普通的鸡蛋。鲁恩也是一样。第3次和第4次他们都又摸出1个鸡蛋，但是都是普通的。现在袋子里只剩下两个鸡蛋了，该商人了。他控制不住他的手，他的手一直在发抖。

“放松一点儿。”鲁恩笑着说，“毕竟，你还有一次公平的机会，不是吗？”

“确实如此。”商人被汗湿透了，“过一会儿，我们两个中间的一个就会完蛋了。”

鲁恩挽起了袖子说：“我们把赌注再提高一点儿。来人啊，叫金吉进来！”

不一会儿，只见一个长了3条舌头的怪物挥舞着三刃剑闯了进来。

“金吉，看着袋子。”鲁恩命令道，“谁的手把普通的鸡蛋拿出来，就砍掉他的手。”

商人几乎瘫倒在地。

鲁恩说：“该你了，挽起袖子吧！”

商人鼓起勇气，伸手到袋子里。金吉淌着口水，看着他抽回胳膊，慢慢地张开手。又是一个普通的鸡蛋。金吉举起了剑。

“我的机会可是百分之百了。”鲁恩笑着说。

商人大叫道：“不要这样！拿走我的钱，让我走吧！”

鲁恩说：“我还没摸呢！”

“把我的所有东西都拿走吧！”勒弥尔恳求道。他迅速地脱掉裤子，围在金吉的脖子上，“让我完整地走吧！”

鲁恩说：“我想还是让他走吧！已经很有意思了。”

商人立即跑掉了。鲁恩把手伸进袋子。

鲁恩喊道：“金吉，张开嘴，好吃的！”

金吉把它的头斜过来，它的流着口水的嘴几乎碰到了地板。

一个旁观的人看了看商人留下的堆得高高的钱，说：“我怀着最深挚的敬意说，你真的很幸运。”

“一点儿也不幸运。”鲁恩回答道。他从袋子里取出第10个普通的鸡蛋，扔到了兴高采烈的怪物的嘴里。

现在你怎么想

我们已经看到了生活中各个方面的可能性，还剩下一个大的问题：生活本身的可能性。

科学家一直在天空里寻找其他的生命形式，可宇宙这么大，我们这么小，运气差一点儿并不奇怪。

就像解决许多其他问题一样，现在，用数学来计算其他生命的可能性。

这有点儿难。有数不清的因素要考虑，每一种可能性几乎都不可能去估计。

但是，要命的数学可不是容易被吓着的，我们要用特殊的方法来想这个问题。

假设你是一个鬼魂，你在宇宙间飘浮，你想找一个有生命的地方居住。

你有多大机会能够找到一个呢？

我们所了解的任何生命需要一个坚实的行星或卫星来居住。

这样的行星和卫星有多少呢？在太阳系以外刚刚发现了几个，不过恰当地估计，应该有几百亿个。这可是好消息。

▶ 如果发现了这么多颗行星或卫星，会不会太冷或太热呢？有没有最重要的水？

我们研究了整个太阳系，在9颗行星和50颗卫星中，只有地球或者还有其他几颗卫星有这个条件。

可能性只有5%，有点让人失望。

▶ 生命还需要其他的元素吗？地球上的生命都与碳有关系，我们假设这就是生命所需要的。

幸运的是宇宙里有很多很多的碳。这是个好消息。

▶ 如果所有条件具备，生命开始的机会有多大？这个问题有点儿狡猾。

有些人说，就像从飞机里扔下去1000000块拼图，所有的拼图落地的时候，都奇迹般地拼在一起。

惊人的消息！

▶ 如果一切都按照计划，生命开始产生，他们现在活着的机会有多大？也许他们当时是活着的，因为没有东西吃，马上就死了。也许他们被落下的岩石砸死了，或者掉进岩浆的坑里。

也许他们生存了几百万年，然后被一颗流星毁灭了……生活可是一个冒风险的玩意儿。这不是好消息。

你是一个飘浮的鬼魂，你会发现寻找任何一个居住的地方，即便是像一个蘑菇大小的地方，都是没劲透了的。

你尽可以放松。这是一个愚蠢的数学问题，你不是鬼魂，你生活在坚实的星球上，有水和一切生命需要的东西。更重要的是，你已经证明了你非常聪明，可以理解“经典数学”里的一整本书。对宇宙中的生命而言，你已经击败了可能性。

那么，你觉得幸运吗？

是什么使你不
用控制板也可
以过关呢?

“经典科学”系列（26册）

肚子里的恶心事儿
丑陋的虫子
显微镜下的怪物
动物惊奇
植物的咒语
臭屁的大脑
神奇的肢体碎片
身体使用手册
杀人疾病全记录
进化之谜
时间揭秘
触电惊魂
力的惊险故事
声音的魔力
神秘莫测的光
能量怪物
化学也疯狂
受苦受难的科学家
改变世界的科学实验
魔鬼头脑训练营
“末日”来临
鏖战飞行
目瞪口呆话发明
动物的狩猎绝招
恐怖的实验
致命毒药

“经典数学”系列（12册）

要命的数学
特别要命的数学
绝望的分数
你真的会＋－×÷吗
数字——破解万物的钥匙
逃不出的怪圈——圆和其他图形
寻找你的幸运星——概率的秘密
测来测去——长度、面积和体积
数学头脑训练营
玩转几何
代数任我行
超级公式

“科学新知”系列（17册）

破案术大全
墓室里的秘密
密码全攻略
外星人的疯狂旅行
魔术全揭秘
超级建筑
超能电脑
电影特技魔法秀
街上流行机器人
美妙的电影
我为音乐狂
巧克力秘闻
神奇的互联网
太空旅行记
消逝的恐龙
艺术家的魔法秀
不为人知的奥运故事

“自然探秘”系列（12册）

惊险南北极
地震了！快跑！
发威的火山
愤怒的河流
绝顶探险
杀人风暴
死亡沙漠
无情的海洋
雨林深处
勇敢者大冒险
鬼怪之湖
荒野之岛

“体验课堂”系列（4册）

体验丛林
体验沙漠
体验鲨鱼
体验宇宙

“中国特辑”系列（1册）

谁来拯救地球